江西财经大学江西省生态文明制度建设协同创新中心资助
国家自然科学基金项目（No. 42061040）
江西省教育厅科技项目（No. GJJ190289）
江西省高校人文社科项目（No. JC19211）

经济管理学术文库·管理类

能源开采时空格局演变及其对环境社会经济的影响
——以内蒙古露天煤矿区为例

Spatiotemporal Patterns and Environmental and
Socioeconomic Impacts of Energy Exploitation
— A Case Study of Inner Mongolia Surface Coal
Mining Areas

曾小箕／著

U0226343

经济管理出版社
ECONOMY & MANAGEMENT PUBLISHING HOUSE

图书在版编目（CIP）数据

能源开采时空格局演变及其对环境社会经济的影响：以内蒙古露天煤矿区为例/曾小箕著．—北京：经济管理出版社，2020.5

ISBN 978-7-5096-7381-2

Ⅰ.①能… Ⅱ.①曾… Ⅲ.①露天开采—矿山环境—研究—内蒙古 Ⅳ.①X322.26

中国版本图书馆 CIP 数据核字（2020）第 152947 号

组稿编辑：杨国强
责任编辑：杨国强
责任印制：黄章平
责任校对：陈晓霞

出版发行：经济管理出版社
　　　　　（北京市海淀区北蜂窝 8 号中雅大厦 A 座 11 层　100038）
网　　址：www.E-mp.com.cn
电　　话：（010）51915602
印　　刷：北京玺诚印务有限公司
经　　销：新华书店
开　　本：720mm×1000mm/16
印　　张：9.25
字　　数：182 千字
版　　次：2020 年 10 月第 1 版　　2020 年 10 月第 1 次印刷
书　　号：ISBN 978-7-5096-7381-2
定　　价：88.00 元

前　言

　　露天煤矿区是指采用露天采掘方式生产煤炭的含矿地带及其周边相关区域。内蒙古因煤炭资源丰富且比较适合露天开采，已成为中国乃至全球的重要露天煤矿开采基地。自改革开放以来，随着社会经济发展对煤炭需求的不断增长，内蒙古露天煤矿区快速增加，导致景观格局发生了剧烈变化，对生态环境和社会经济产生了深刻影响。量化内蒙古露天煤矿区的时空格局变化，并揭示露天煤矿开采对生态环境和社会经济的影响，对于认识和理解露天煤矿区的景观过程、维持和改善区域生态环境以及促进区域可持续发展具有重要意义。

　　本书选择内蒙古的鄂尔多斯和锡林郭勒为例，主要研究目标在于认识和理解内蒙古鄂尔多斯及锡林郭勒露天煤矿区的时空格局特征，揭示露天煤矿区时空格局的变化对社会经济环境的影响，为寻求区域的可持续发展途径提供依据。为此，本书将基于"格局—过程—影响"的现代地理学和应用经济学研究思路，在发展露天煤矿区遥感监测新方法的基础上，量化鄂尔多斯和锡林郭勒1990～2015年露天煤矿区的时空格局变化，评价鄂尔多斯和锡林郭勒露天煤矿区的时空格局变化对社会经济和环境的影响。

　　主要研究内容如下：

　　（1）发展了一种基于面向对象决策树提取露天煤矿区信息的新方法。该方法的基本思路是首先基于光谱特征提取开采区以及潜在的剥离区与排土区，其次根据开采区、剥离区和排土区紧密相邻的空间位置关系识别出实际的剥离区与排土区，最后将获取的开采区、剥离区和排土区合并为露天煤矿区。主要包括分割影像、计算各个对象的光谱特征和基于面向对象决策树提取露天煤矿区三个基本步骤。

（2）量化了鄂尔多斯和锡林郭勒露天煤矿区的时空格局。首先，以 Landsat TM/OLI 数据为主要数据源，结合面向对象决策树方法和目视判读法，获取了鄂尔多斯和锡林郭勒 1990 年、1995 年、2000 年、2005 年、2010 年和 2015 年露天煤矿区空间分布信息。其次，利用景观格局分析方法量化了鄂尔多斯和锡林郭勒 1990～2015 年露天煤矿区的时空格局。最后，比较了鄂尔多斯和锡林郭勒露天煤矿区时空格局变化的异同，总结了露天煤矿区时空格局的基本特征。

（3）评价了区域露天煤矿开采对环境的影响。结合露天煤矿区数据、统计数据和遥感数据，采用统计方法和空间分析方法，分析了鄂尔多斯和锡林郭勒露天煤矿开采对水资源、生态系统空间格局和植被净初级生产力的影响。在此基础上，比较了鄂尔多斯和锡林郭勒露天煤矿开采对环境影响的异同，讨论了内蒙古露天煤矿开采对区域生态环境影响的主要特征。

（4）评价了区域露天煤矿开采对社会经济的影响。首先，基于社会经济统计数据，量化了鄂尔多斯和锡林郭勒社会经济指标的空间特征及其变化规律。其次，结合露天煤矿区数据，利用相关分析方法量化了露天煤矿区面积与社会经济指标之间的关系。最后，比较了鄂尔多斯和锡林郭勒露天煤矿开采对社会经济影响的异同，探讨了内蒙古露天煤矿开采对社会经济影响的基本特征。

主要研究结果概括如下：

（1）面向对象决策树方法可以快速准确地获取露天煤矿区空间分布信息。与传统的人工目视解译相比，该方法可以省时省力，尤其是在提取大范围露天煤矿区信息时具有明显优势。利用该方法提取的露天煤矿区信息总体精度为

97.07%，平均 Kappa 系数为 0.80，用户精度和生产者精度均高于 80%。提取的露天煤矿区信息精度高于基于最大似然法的监督分类、决策树分类和面向对象分类三种传统方法的提取精度。

（2）鄂尔多斯和锡林郭勒 1990～2015 年露天煤矿区的面积和数量快速增加，景观格局破碎化程度在加剧。鄂尔多斯市露天煤矿区面积由 6.17 平方千米增加至 356.45 平方千米，增加了 56.77 倍，露天煤矿区的数量由 79 个增加到 665 个，增加了 7.42 倍。锡林郭勒盟露天煤矿面积由 3.21 平方千米增加至 283.62 平方千米，增加了 87.36 倍，露天煤矿区的数量由 40 个增加到 504 个，增加了 11.60 倍。鄂尔多斯和锡林郭勒露天煤矿区增加均导致景观更加破碎化、斑块形状趋于复杂。与锡林郭勒盟相比，鄂尔多斯市露天煤矿区增长导致的景观破碎化程度更高。

（3）区域露天煤矿开采对水资源、生态系统的空间格局和植被净初级生产力均造成了负面影响。1990～2015 年，鄂尔多斯和锡林郭勒露天煤矿开采消耗了大量的水资源，对地下水和河流造成了严重的影响，鄂尔多斯露天煤矿开采对环境的影响明显要大于锡林郭勒。鄂尔多斯和锡林郭勒因露天煤矿开采消耗的水资源量分别增加了 20.77 亿立方米和 2.81 亿立方米，对地下水的破坏量分别增加了 15.51 亿立方米和 2.10 亿立方米。鄂尔多斯和锡林郭勒露天煤矿开采还侵占了大量草地，导致植被净初级生产力下降。鄂尔多斯和锡林郭勒露天煤矿开采占用的草地分别为 255.55 平方千米和 222.07 平方千米，导致植被净初级生产力的损失量分别为 9.97×10^{10} 克碳和 8.49×10^{10} 克碳。

（4）区域露天煤矿开采促进了经济发展，但加剧了社会不公平性。1990～2015 年，在鄂尔多斯和锡林郭勒，随着露天煤矿区面积的增加，地区生产总值（Gross Domestic Product，GDP）、城乡居民收入和人类发展指数等社会经济指标均呈现明显的增长趋势。鄂尔多斯市人类发展指数由 0.65 增加到 0.83，增加了 27.69%。锡林郭勒盟人类发展指数由 0.76 增加到 0.88，增加了 15.79%。

区域露天煤矿区面积与社会经济指标显著相关。鄂尔多斯市露天煤矿区面积与第二产业 GDP 关系最密切（r = 0.92，P < 0.05），锡林郭勒盟露天煤矿区面积与地方财政收入关系最密切（r = 0.91，P < 0.05）。同时，随着露天煤矿区面积的增加，鄂尔多斯和锡林郭勒城乡收入差异明显增加，其中，鄂尔多斯露天煤矿区面积与城乡收入差异呈显著的正相关关系。鄂尔多斯城乡居民收入比从 1.72 增加到 2.60，增加了 51.16%。锡林郭勒城乡居民收入比从 1.09 增加到 2.49，增加了 128.44%。鄂尔多斯露天煤矿区面积与城乡居民收入比的相关系数为 0.53（P < 0.05）。虽然相关关系不一定是因果关系，但露天煤矿开采对内蒙古地区社会经济诸方面的重要影响已经多有佐证。本书进一步量化了鄂尔多斯和锡林郭勒两地的露天煤矿开采的社会经济影响。

本书包括六章内容，具体安排如下。

第一章　绪论。主要介绍本书的研究背景，综述露天煤矿区遥感监测方法、露天煤矿区的时空格局变化、露天煤矿开采对社会经济环境影响的国内外相关研究进展，归纳鄂尔多斯和锡林郭勒的基本概况和相关研究进展，确定本书的研究目标和结构。

第二章　露天煤矿区的遥感监测方法。本章将发展一种基于面向对象决策树提取露天煤矿区信息的新方法。该方法首先基于 Landsat TM/OLI 数据进行面向对象多尺度分割；其次基于开采区与剥离区/排土区之间的位置关系，建立面向对象决策树，提取露天煤矿区。通过对提取的露天煤矿区信息进行精度评价，并与其他三种传统方法提取的露天煤矿区的精度评价结果进行比较，分析面向对象决策树露天煤矿区遥感监测新方法的优势。

第三章　鄂尔多斯和锡林郭勒露天煤矿区的时空格局。基于第二章发展的方法，首先利用 1990 年、1995 年、2000 年、2005 年、2010 年和 2015 年的 Landsat TM/OLI 数据，提取鄂尔多斯和锡林郭勒 1990 ~ 2015 年的露天煤矿区信息。其次采用景观格局分析方法，量化鄂尔多斯和锡林郭勒 1990 ~ 2015 年露天煤矿区的时空格局变化。最后，比较鄂尔多斯和锡林郭勒露天煤矿区时空格局的差异，并总结露天煤矿区时空格局变化的基本特征。

第四章　鄂尔多斯和锡林郭勒露天煤矿开采对环境的影响。基于第三章获取的露天煤矿区时空格局信息，该章采用地理空间分析方法，从水资源、生态系统和植被净初级生产力三方面评估区域露天煤矿开采对环境的影响，并讨论两个地区露天煤矿开采对环境影响的异同。

第五章　鄂尔多斯和锡林郭勒露天煤矿开采对社会经济的影响。本章首先量化鄂尔多斯和锡林郭勒 1990～2015 年社会经济的时空格局；其次结合露天煤矿区数据，利用相关分析和比较分析方法，评价区域露天煤矿开采对社会经济的影响，并讨论鄂尔多斯和锡林郭勒露天煤矿开采对社会经济影响的异同。

第六章　结论与展望。本章对上述所有工作进行总结，归纳全书的主要工作和发现，分析存在的不足，提出内蒙古地区露天煤矿开采的可持续发展策略，并剖析本书存在的不足之处和对未来工作进行展望。

概而言之，本书对内蒙古自治区鄂尔多斯和锡林郭勒露天煤矿开采的景观格局时空动态以及环境和社会经济影响进行了系统而定量的综合分析。研究结果表明，内蒙古露天煤矿开采对区域生态环境已经造成重大破坏，其产生的社会经济影响也是有利有弊。因此，重视对该地区土地资源利用空间格局优化、加强景观/区域尺度环境保护措施、减少露天煤矿开采对区域可持续性的负面影响势在必行，迫在眉睫。为此，国家和当地政府应该建立有效的管控机制，严格控制露天煤矿区的无序扩张，采用清洁生产工艺，落实节水措施，提高水资源利用率，加强矿区生态环境治理。同时，需要建立健全生态补偿机制，减少城乡收入差异，促进社会公平性。另外，还应加强对太阳能、风能等可再生能源的利用，降低露天煤矿开采强度，促进该区域环境、经济和社会协调发展。期望本书能为有效遏制区域露天煤矿的无序开采，建设美丽内蒙古，促进区域可持续发展所必需的科学基础和数据支撑做出重要贡献。

本书得到国家重点基础研究发展计划（973 计划）项目"全球变化与区域可持续发展耦合模型及调控对策"（2014CB954300）中第三课题"适应气候变化的区域可持续性范式"（2014CB945303）、国家自然科学基金青年基金项目"快速城市化干旱地的生态系统服务供需动态研究：以呼包鄂榆为例"（41501195）和国家留学基金委"国家建设高水平大学公派研究生项目"（201606040136）的资助。本书是在博士导师邬建国教授和何春阳教授的指导下完成的，在此表示衷心的感谢和诚挚的敬意。本书的出版得到了作者博士后导师江西财经大学生态文明研究院院长谢花林教授的大力支持和帮助，在此表示最真挚的感谢。

　　本书适合土地资源管理，地理学，生态学，环境管理及人口、资源与环境经济学专业的本科生和研究生阅读，也可以作为政府工作人员参考用书。

目　录

第一章　绪论 ……………………………………………………………… 1

　　第一节　研究背景 …………………………………………………… 1

　　第二节　国内外相关研究进展 ……………………………………… 5

　　第三节　本书的科学问题、研究目标、研究思路和研究框架 ……… 20

第二章　露天煤矿区的遥感监测方法 ………………………………… 23

　　第一节　数据 ………………………………………………………… 24

　　第二节　方法 ………………………………………………………… 25

　　第三节　结果与讨论 ………………………………………………… 30

　　第四节　小结 ………………………………………………………… 36

第三章　鄂尔多斯和锡林郭勒露天煤矿区的时空格局 …………… 38

　　第一节　方法 ………………………………………………………… 39

　　第二节　鄂尔多斯露天煤矿区的时空格局 ………………………… 43

　　第三节　锡林郭勒露天煤矿区的时空格局 ………………………… 50

　　第四节　鄂尔多斯和锡林郭勒露天煤矿区时空格局的对比 ……… 57

　　第五节　小结 ………………………………………………………… 61

第四章 鄂尔多斯和锡林郭勒露天煤矿开采对环境的影响 ·················· 63

第一节 方法 ·················· 64

第二节 鄂尔多斯露天煤矿开采对环境的影响 ·················· 67

第三节 锡林郭勒露天煤矿开采对环境的影响 ·················· 73

第四节 鄂尔多斯和锡林郭勒露天煤矿开采对环境影响的对比 ········ 79

第五节 小结 ·················· 81

第五章 鄂尔多斯和锡林郭勒露天煤矿开采对社会经济的影响 ·········· 83

第一节 方法 ·················· 84

第二节 鄂尔多斯露天煤矿开采的社会经济影响 ·················· 85

第三节 锡林郭勒露天煤矿开采的社会经济影响 ·················· 94

第四节 鄂尔多斯和锡林郭勒露天煤矿开采对社会经济影响的对比 ··· 103

第五节 小结 ·················· 106

第六章 结论与展望 ·················· 108

第一节 主要工作 ·················· 108

第二节 主要发现 ·················· 111

第三节 讨论和展望 ·················· 113

参考文献 ·················· 115

附 录 ·················· 131

后 记 ·················· 134

第一章 绪论

本章基于露天煤矿区的时空格局变化及其对环境和社会经济影响研究的重要性，以及内蒙古自治区鄂尔多斯和锡林郭勒两个地区露天煤矿开采对环境和社会经济影响的突出性，确定了本书的研究目标：揭示鄂尔多斯和锡林郭勒露天煤矿区的时空格局及其对环境和社会经济的影响。本章首先从露天煤矿区的基本概念、露天煤矿区遥感监测方法、露天煤矿开采对区域环境和社会经济影响的基本原理及评价研究、鄂尔多斯和锡林郭勒现有相关研究进展等方面出发，确定了已有相关研究中仍待解决的科学问题。其次结合本书的研究目标，确定了本书的主要研究内容和研究框架。

第一节 研究背景

露天煤矿区（Surface Coal Mining Areas）是指采用露天采掘方式生产煤炭的含矿地带及其周边相关区域，主要由开采区、剥离区和排土区构成（World Coal Institute，2015）。作为煤炭生产的重要基地，露天煤矿区贡献了全球约40%的煤炭产量（Bian et al.，2010）。内蒙古作为全球最大的"露天煤矿"之乡，其煤炭资源尤为丰富，具有分布广、储量大、煤种全、埋藏浅和易于露天开采等优点（张丰兰等，2013）。改革开放以来，内蒙古经历了快速和大规模的露天煤矿开采活动。1980～2015 年，该地区的煤炭产量增加了约 8.62 亿吨，占全国煤炭总产量的比例从 3.57% 增加到 24.27%（国家统计局，2016）。大规模的露天煤矿开采是拉动内蒙古地区经济快速发展的关键引擎（付桂军和齐义军，2012）。内蒙古的地区生产总值（Gross Domestic Product，GDP）由 1990 年的 319.31 亿元增加到 2015 年的 17831.5 亿元，增加了 54.81 倍（内蒙古自治区统计局，1991，2016）。特别是自 2002 年起，内蒙古 GDP 年均增速连续八年全国排名第一。然而，露天煤矿开采在带动经济发展的同时，也对区域生态环境造成了严重影响（Rathore et al.，1993；Bian et al.，2010；Wu et al.，2015；雷少刚和卞正富，2014）。内蒙古露天煤矿开采导致河流断流（范立民，2004；王小军，2008）、湖泊萎缩（张兵，2013；Tao et al.，2015）、草地退化（胡振琪等，2005；刘纪远等，2014）、空气污染（汤育等，2008；Ghose et al.，2007）和生物多样性锐减（高雅等，2014；Wang et al.，2014）等后果，给区域的可持续发展带来巨大挑战（周孝等，2006；Solomon et al.，2008；Hajkowicz et al.，2011）。2017 年，内蒙古印发了《内蒙古自治区能源发展"十三五"规划》，明确指出能源生产供应需保持稳步增长，稳步推进煤炭生产基地建设（内蒙古自治区人民政府，2017）。这意味着该地区露天煤矿开采对区域可持续性的影响仍将继续。如何协调露天煤矿开采与环境保护和社会经济发展之间的关系，提高区域可持续性，已经成为内蒙古在生态文明建设过程中所面临的一个重大问题（陈伟，2007；Wu et al.，2015；Lechner et al.，2017；Ganbold et al.，2017）。因此，开展内蒙古露天煤矿区时空格局及其对环境、经济和社会的影响研究，不仅具有重要的科学价值，而且具有积极的现实意义。

鄂尔多斯和锡林郭勒是内蒙古两个重要的煤炭基地，分别位于内蒙古自治区的西南部和中部。从资源储量来看，鄂尔多斯和锡林郭勒已探明的煤炭资源储量位列全区的前两名，分别占全区煤炭资源总储量的 51.0% 和 25.3% （内蒙古自治区国土资源厅，2016）。从煤炭产量增长量来看，1990～2015 年，鄂尔多斯的煤炭产量由 610.64 万吨增加到 61693 万吨，锡林郭勒的煤炭产量由 80.49 万吨增加到 8365.64 万吨，两个地区的煤炭产量均增长了约 100 倍，居内蒙古全区前两位（内蒙古自治区统计局，1991，2016）。近年来，鄂尔多斯和锡林郭勒露天煤矿开采明显推动了两个区域经济的快速发展。2002～2012 年，鄂尔多斯经济实现了跨越式增长，其 GDP 增速连续 9 年居内蒙古自治区首位（张天宇等，2017）。2003～2013 年锡林郭勒的 GDP 由 97.67 亿元增加到 902.40 亿元，增长了 8.24 倍（吴迪等，2011；朱海明等，2015）。但是，伴随着露天煤矿的大规模开采，两个地区的生态环境也受到严重的破坏，区域可持续发展正面临严峻的挑战。比如，鄂尔多斯的露天煤矿开采导致区域沙漠化程度加剧和地下水位下降（罗君等，2013；郑玉峰等，2015）；锡林郭勒的煤电基地建设造成了乌拉盖水库下游河道干涸、湖泊退化和草原荒漠化（张兵等，2013）。

由此可见，鄂尔多斯和锡林郭勒的露天煤矿开采活动已经成为内蒙古自治区露天煤矿开采活动的重要缩影，具有较强的代表性。此外，鄂尔多斯和锡林郭勒的自然环境各有特点，颇具可比性。鄂尔多斯以荒漠草原为主，属于典型的生态脆弱区（蒙吉军等，2012）；锡林郭勒以典型草原为主，是我国典型的畜牧区（杨艳等，2011）。两个区域的露天煤矿开采对区域可持续性的影响既有典型性又有差异性，能更加全面地反映内蒙古露天煤矿开采对区域环境、社会和经济的影响。因此，本书选择鄂尔多斯和锡林郭勒作为研究区，分别量化和对比两个区域露天煤矿区时空格局及其社会经济环境影响，为全面认识内蒙古露天煤矿区时空格局及其对环境和社会经济影响提供重要基础。

目前，已有研究人员在鄂尔多斯和锡林郭勒开展了露天煤矿区的遥感监测（翟孟源等，2012；Mao et al.，2014）、景观格局分析（Qian et al.，2014；康萨如拉等，2014）和影响评价（王广军，2007；Liu et al.，2014；范小杉等，

2015；马一丁等，2017a）等工作，现有研究为深入探讨内蒙古露天煤矿景观时空格局及其对区域环境、经济和社会的影响奠定了良好基础，但仍然存在一些有待完善之处。在露天煤矿区的遥感监测方法上，现有研究主要是利用基于光谱信息的传统分类方法（如监督分类法和决策树分类法等），这些方法未考虑露天煤矿区的空间位置信息，总体分类精度较低。在露天煤矿区的时空格局分析方面，现有研究主要聚焦于局地尺度（如毛乌素沙地或某个大型露天煤矿区）（Li et al.，2015；康萨如拉等，2014），缺乏对整个鄂尔多斯和锡林郭勒露天煤矿区的时空格局多尺度的综合分析及不同区域间的对比分析。在露天煤矿开采对环境社会经济影响方面，相关研究多从某一方面的影响入手（如对流域水资源量和水质的影响），缺乏从环境、社会和经济多方面的综合影响评估。因此，目前仍缺乏鄂尔多斯和锡林郭勒露天煤矿区格局、过程和影响的多尺度综合研究和对比分析，因而难以全面、系统地认识和理解区域露天煤矿区时空格局变化及其环境和社会经济影响。

景观生态学（邬建国，2001；傅伯杰等，2008；Wu，2013a）、可持续科学（Kates，2011；Wu，2013b；邬建国等，2014）、地理科学（冷疏影等，2001；陆大道，2014；宋长青，2016）和遥感科学（徐冠华等，1996；宫鹏，2009）等相关学科在近20年的快速发展为解决这些问题提供了新思路和新方法。特别是景观生态学所倡导的等级理论和多尺度分析理念（邬建国，2001；傅伯杰，2014），为深入开展内蒙古地区露天煤矿景观时空格局及其对区域环境、经济和社会影响的综合全面研究提供了良好的理论基础。

鉴于上述研究背景，本书将根据"格局—过程—影响"的现代景观生态学和可持续科学研究思路，开展鄂尔多斯和锡林郭勒露天煤矿区时空格局变化及其对区域环境和社会经济影响的多尺度综合研究。

研究的总体目标是在认识和理解鄂尔多斯和锡林郭勒的露天煤矿区时空格局特征的基础上，揭示内蒙古露天煤矿开采对区域环境社会经济的影响。

第二节　国内外相关研究进展

本节首先从露天煤矿区的基本概念、露天煤矿区遥感监测方法、露天煤矿区时空格局量化、露天煤矿开采对环境的影响评估和露天煤矿开采对社会经济的影响评估五个方面，对不同区域和不同尺度上的相关研究进展进行综述。其次针对鄂尔多斯和锡林郭勒的相关研究进展进行回顾和评述。最后基于两个地区的相关研究进展，概括总结现有研究中存在的主要问题。

一、基本概念

"露天煤矿区"的概念在不同时期因研究目的和手段的不同而有所差异（见表 1－1）。其概念最早出现在张先尘 1984 年所著的《矿区总体设计》一书中，在该著作中，作者将露天煤矿区界定为"包括若干矿井或露天煤矿的区域，有完整的生产流程、交通运输、生产管理及其他生活服务等设施"（张先尘，1984）。这一时期，对露天煤矿区的理解，是将整个露天煤矿的生产区域和生活区域等合并在一起，以提高公众对露天煤矿区相关问题的认识和保护（Rathore，1993）。20 世纪 90 年代以来，人们对露天煤矿区的关注程度迅速增加，相关的研究也得到了快速推进，致使在这一时期对露天煤矿区的界定得到了进一步完善。毕如田等（2007）对大型露天煤矿区的土地利用类型进行了分类，将其划分成剥离区、采挖区、复垦区和原地貌区四大类型。2014 年，杨金中等著的《中国矿山遥感监测》一书中明确定义了露天煤矿区的监测范围，即由开采区、剥离区和排土区三部分构成（杨金中等，2014）。2015 年，世界煤炭组织在综合已有定义的基础上，将露天煤矿区定义为"采用露天采掘方式生产煤炭的含矿地带及其周边相关区域，主要由开采区、剥离区和排土区构成"（World Coal Institute，2015）（见图1-1）。目前，该定义被众多从事露天煤矿区环境影响评估的研究者所接受和采纳，因此本书中的"露天煤矿区"一词主要沿用了此定义。

表1-1　露天煤矿区概念界定

作者（年份）	定义
张先尘（1984）	从矿区总体设计角度把露天煤矿区界定为"包括若干矿井或露天煤矿的区域，有完整的生产流程、交通运输、生产管理及其他生活服务等设施"
毕如田等（2007）	露天煤矿区的土地利用类型可划分为剥离区、采挖区、复垦区和原地貌区四大类型
杨金中等（2014）	露天煤矿区的监测范围主要由开采区、剥离区和排土区三部分构成
世界煤炭组织（2015）	露天煤矿区是指采用露天采掘方式生产煤炭的含矿地带及其周边相关区域，主要由开采区、剥离区和排土区构成

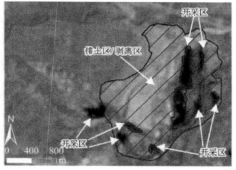

图1-1　露天煤矿区中开采区、剥离区和排土区之间的关系

二、露天煤矿区的遥感监测方法

从20世纪70年代开始，遥感技术已经成为监测露天煤矿区的主要手段之一，广泛应用于不同尺度上的露天煤矿区监测研究中（Mamula，1978；Slonecker & Benger，2001；Erener，2011；Schroeter & Glasser，2011；Petropoulos et al.，2013）。例如，在全球尺度上，Fernandez - Manso等（2012）利用遥感

技术监测了美国、澳大利亚和西班牙三个典型区 2010 年前后的露天煤矿区信息。在区域尺度上，Qian 等（2014）基于遥感数据监测了霍林郭勒 1978 ~ 2011 年露天煤矿区的动态变化。毕如田和白中科（2007）以 Landsat TM 影像为数据源，提取了山西安太堡大型露天煤矿区 2005 年的景观格局信息。宋亚婷等（2016）以高分一号为主要数据源，提取了内蒙古霍林河露天煤矿区 2014 年的土地利用类型信息。在局地尺度上，Parks 和 Petersen（1987）基于遥感技术获取了美国 Central Pennsylvania 地区 1983 年的露天煤矿区信息。

目前，基于遥感技术的露天煤矿区监测方法主要包括目视解译、监督分类、决策树分类和面向对象分类四类方法。例如，Prakash 等（1998）利用目视解译方法获取了印度 Jharia 煤田 1975 ~ 1994 年露天煤矿区动态变化信息。Demirel 等利用监督分类方法（2011）监测了土耳其 Goynuk 露天煤矿区 2004 ~ 2008 年动态变化。翟孟源等（2012）利用决策树方法监测了中国内蒙古自治区乌海市 1979 ~ 2010 年露天煤矿区动态变化。侯飞等（2012）利用面向对象分类方法，提取了河南焦作 1999 年露天煤矿区信息。但是，这些方法在获取露天煤矿信息时仍然存在局限。利用目视解译法获取露天煤矿区信息时需要消耗大量的时间和人力，因此难以利用该方法快速获取大尺度的露天煤矿区信息。同时，由于露天煤矿区剥离区、排土区、裸地和建筑物的光谱特征相似，现有的基于地物光谱信息为主的监督分类、决策树分类和面向对象分类法三种方法在获取露天煤矿区信息时均存在较大误差（Demirel et al.，2011a，2011b；Mao et al.，2014）。因此，仍然有必要发展更为可靠有效的露天煤矿区遥感监测方法。

面向对象决策树方法为快速准确提取露天煤矿区信息提供了新的途径。面向对象决策树方法是一种通过耦合面向对象分类法和决策树分类法以提取目标地物的分类方法（Laliberte et al.，2007）。与基于像元光谱信息的传统分类方法相比，面向对象决策树方法以基于图像分割技术得到的对象为基本分类单元，不仅可以利用地物光谱信息，还可以进一步结合地物的形状、纹理和上下文等信息来获取目标地物，从而提高分类精度（Blaschke，2010）。目前，该方法已经被成功应用于快速准确地获取建筑物、草地、灌木、林地和水体信息（Laliberte et al.，2007；Blaschke，2010）。但是，利用面向对象决策树来准确提取露天煤矿区的相关研究还比较少。

三、内蒙古露天煤矿区的时空格局

目前，已有大量的研究人员利用 3S 技术和景观格局分析等方法，对不同地区长时间序列的露天煤矿区时空格局变化开展了研究。例如，Townsend 等（2009）使用 Landsat MSS/ETM/TM 数据，量化了 1976～2006 年美国 Appalachians 中部地区露天煤矿区土地利用变化的时空格局。Demirel 等（2011）使用 IKONOS 和 Quickbird 高分辨率影像数据，分析了 2004～2008 年土耳其 Goynuk 露天煤矿区土地利用变化的时空格局。于颂等（2015）基于 Landsat TM 数据分析了山西平朔露天煤矿 1993～2011 年的土地利用变化情况，发现开采区扩展迅速，开采区面积由 1993 年的 813.24 公顷增加到 2011 年的 2331.99 公顷。封建民等（2014）基于遥感影像数据和景观格局指数，分析了 1990～2006 年榆神府矿区景观格局变化，结果发现 1990～2006 年景观多样性和景观异质性增加，优势度下降，建设用地和工矿用地范围明显增大。

针对内蒙古地区露天煤矿区时空格局变化的相关研究表明，近几十年来内蒙古地区露天煤矿区扩展迅速，其面积和空间配置均发生了较大变化。例如，康萨如拉等（2014）结合遥感数据和野外调查数据，提取了内蒙古黑岱沟露天煤矿 1987～2010 年空间分布信息，并利用景观格局分析方法，量化了其时空格局，发现露天煤矿的斑块密度、形状指数和最大斑块指数均随着时间推移逐渐增大，但其平均斑块周长面积比却逐渐减小，说明露天煤矿的面积在不断增大，但其边界复杂性却逐渐降低。卓义等（2007）基于 Landsat TM 数据，分析了 1987～2004 年内蒙古伊敏露天煤矿区土地利用变化的时空格局，研究发现，在此期间大约有 600 公顷的草地转变为工矿用地, 且有逐年扩张的趋势。蔡博峰等（2009）基于 Landsat TM 和地面勘测数据, 分析了 2000~2007 年内蒙古霍林河一号露天煤矿区土地利用变化的时空格局, 发现矿区周边的植被大面积减少, 工矿用地面积增加, 排土场的个数、面积和高度都在不断增加。翟孟源等（2012）基于 Landsat MSS/TM 影像, 分析了乌海市 1979~2010 年露天煤矿开采的变化过程, 发现煤矿开采区面积由 1979 年的 2.69 平方千米增加到 2010 年的 109.34 平方千米, 净增加 106.65 平方千米, 年均增长率达 12.69%。郭美楠等（2014）分析了 1975~2010 年内蒙古伊敏露天煤矿区的景观格局变化, 研究结果表明, 1975~2010 年伊敏矿区草地面积一直在下降, 其面积所占比例由 1975 年的 87.99% 下降到 2010 年的 75.03%, 与此同时工矿用地面积逐渐增加, 其面积在 1975~2010 年共增加了 19.63 平方千米, 矿产资源开发导致伊敏矿区景观破碎化程度增大, 景观连接性降低, 景观中优势类型的面积比例随着矿产资源开发逐渐降低。

四、露天煤矿开采对环境的影响

露天煤矿区面临着一系列的生态环境问题（Rathore & Wright, 1993；World Coal Institute, 2015；Palmer et al., 2010；Wu et al., 2015）, 主要表现在对水环境、土地系统、生物多样性和大气环境四个方面的影响（见图 1-2）。比如, 露天煤矿开采通过疏干排水会影响地表水和地下水的汇流, 甚至影响区域的储水构造。露天煤矿区内的植被覆盖破坏严重, 导致自然栖息地损失殆尽, 生物多样性大幅度下降（Prakash & Gupta, 1998；Erener, 2011）。露天煤矿区空气中的粉尘含量和硫化物含量均明显超标, 而且水和土壤中也含有大量的重金属和有毒物质, 因此空气污染、水污染和土壤污染严重（Rathore & Wright, 1993；Palmer et al., 2010；孙琦, 2017）。此外, 由于露天煤矿的开采还破坏了土壤和地质结构, 常常导致露天煤矿区的土壤侵蚀严重, 塌陷、滑坡和泥石流等一系列地质灾害多发（Rathore & Wright，1993；World Coal Institute，2015）。

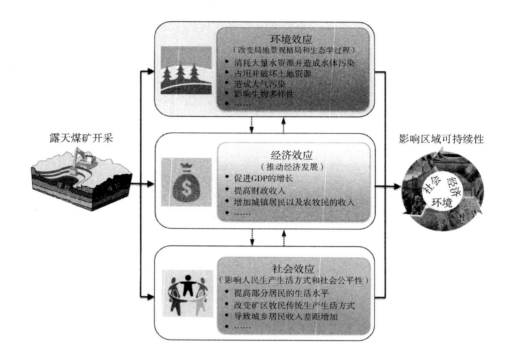

图1-2　露天煤矿开采对环境社会经济的影响的基本原理

（一）露天煤矿开采对水环境的影响

首先，露天煤矿开采主要通过疏干和排出地下水，导致地下水的渗漏与破坏，进而引发土壤水和地表水的流失，对区域的水文条件产生了重要的影响。例如，吴喜军等（2016）以陕北窟野河流域为例，通过机理分析创造性地提出了将煤炭开采对区域内水资源的影响分为地下水静储量破坏、地下水动储量破坏和采空区积水，结果表明，窟野河流域煤炭开采造成的地下水静储量破坏值为 1.38×10^8 立方米，采空区形成 2.72×10^8 立方米的积水，2011年地下水动储量破坏达到了 0.62×10^8 立方米。张思锋等（2011）应用多元回归模型，建立了大柳塔矿区煤炭开采与乌兰木伦河河流径流量的相关关系，研究发现在影响乌兰木伦河径流量变化的各个因素中，煤炭开采是最为关键的要素，其方差解释率达到 77.3%。吕新等（2014）以窟野河为例，分析了煤矿开采对该流域水资源量的影响机制。研究发现，煤炭开采会引发地下水位大幅下降，河流基流量减少以及泉流量衰减甚至干枯，在 1997~2005 年每吨煤开采的基流损失量为 2.038 立方米。Ping 等（2017）以山西省古交煤矿区为例，应用分布式水文模型，定量分析了煤炭开采对河川径流的影响，研究表明，1981~2008 年开采 1 吨煤使河流径流减少了 2.87 立方米，其中，地表径流减少了 0.24 立方米，基流减少了 2.63 立方米。董震雨等（2017）以陕西榆林的杭来湾煤矿为例，定量识别和定性分析了煤矿开采对榆溪河流域地下水资源的破坏影响，发现该区域的煤炭开采造成的地下水静储量破坏值为 29.76 万立方米。张旭等（2018）对宁夏的宁东煤炭基地水资源利用现状进行计算，发现宁东煤炭基地工业用水量占基地用水总量的 92% 以上，水资源供需矛盾日益突出。

其次，露天煤矿开采过程中会排出含有大量污染物的矿井水，从而污染了区域的河流和地下水（Tiwary，2001）。例如，Corbett（1977）通过对水质数据进行比较，分析了西弗吉尼亚州 Monongalia 煤炭开采对地表水和地下水水质的影响，研究发现受煤炭开采影响的区域含有大量硫酸钙或硫酸钙镁类型的硬水，其 pH 值低，铁和铝离子含量高，并含有其他多种微量元素。Tiwary（1994）对印度 Jharia 煤田 Damodar 河 50 千米长的河段水质进行了重金属污染研究，发现河床沉积物中的 Fe、Mn、Cd、Cr、Ni 和 Pb 的浓度大于河水中的浓度。Yu 等（1996）对韩国 Sacheok 煤田东部 Dogyae 地区 Osheepcheon 河流污染问题进行了研究，结果发现，煤矿排水是造成该河流污染的主要原因。Skubacz 等（2007）研究发现，在波兰的 Upper Silesia 矿区的含煤地层中存在高矿化水，盐度高达 200 千克/立方米，浓度达 400kBq/立方米，这些水由周围的岩石进入采煤区时，排出地表后进入河流，会造成放射性污染。吕新等

（2014）指出，煤炭开采使含水层中的水进入到矿坑，在物理作用和化学作用下形成硬度更大、矿化度更高的矿坑水，矿坑水排入河流后对河流造成污染。

（二）露天煤矿开采对土地系统的影响

首先，露天煤矿开采通过挖损矿层上的覆盖层直接破坏了表层的植被，导致了该区域原本稳定的土地系统受到破坏。张召等（2012）分析了山西平朔露天煤矿区1976～2009年的土地利用变化，发现矿区范围内有3346.35公顷的耕地和906.45公顷的林地全部转化为剥离区、露天矿坑和排土场等。Zipper等（2011）发现美国阿巴拉契亚地区的露天煤矿开采活动导致大片森林消失，有超过 6×10^5 公顷的林地被破坏，且该区域被破坏的林地仍以每年超过 1×10^4 公顷的规模增加。马雄德等（2015）分析了榆神府煤矿区1990～2011年湿地的动态变化，研究发现在此期间湿地面积减少了47.19平方千米，并结合模糊层次分析法得出煤炭开采对湿地的影响占主导地位。徐占军等（2012）以徐州煤矿区为例，选择植被净初级生产力（NPP）作为采矿活动和气候变化对煤矿区生态环境损失的衡量指标，分析这两大因素对煤矿区生态环境损失的影响，研究结果表明，采矿活动对NPP的影响要大于气候变化对NPP的影响，即NPP变化对采矿活动具有较强的敏感性。Huang等（2015）以山西大同忻州窑煤矿为例，分析了煤炭开采对植被扰动的影响，研究结果表明，2001～2010年，因煤炭开采引起的植被生物量损失为2608.48吨，生物量损失率为 $33.48 \mathrm{gC/m^2 a}$。

其次，露天煤矿开采会产生大量的煤矸石和废石等固体废弃物，导致土壤污染。Ahirwal等（2016）评估了印度热带森林区，露天煤矿开采活动对土壤性质的影响，研究结果表明，煤矿区的土壤pH值、电导率和容重显著增加，土壤的养分含量（N、P、K）显著降低。杨勇等（2016）以锡林郭勒盟胜利煤田西一号和西二号露天煤矿为研究对象，分析了露天煤矿开采对周边草原区土壤重金属空间分布特征的影响，发现土壤重金属元素含量在矿区中心处最高，并向四周逐渐降低；矿区周围 0.5 千米范围内土壤重金属含量均超过内蒙古背景值。

（三）露天煤矿开采对生物多样性的影响

露天煤矿开采通过直接占用和间接破坏生物栖息地，对生物的生存和繁衍产生影响，在一定程度上会降低生物多样性。例如，Gangloff 等（2015）研究了煤炭开采对美国 Appalachian 南部河流无脊椎动物群落和栖息地的影响，结果表明，煤炭开采对该区域无脊椎动物群落的变化产生了显著影响。春风等（2016）研究了内蒙古巴音华煤矿区的植物群落受采矿活动干扰下物种多样性的变化，结果表明，随着采矿干扰影响的减弱，物种丰富度显著升高，均匀性显著降低，综合多样性显著升高。

（四）露天煤矿开采对大气环境的影响

露天煤矿开采对大气环境的影响主要来自于煤炭生产过程中的废气、粉尘排放和煤矸石的自燃等。Liang 等（2016）采用 LumexRA - 915 + 测汞仪对内蒙古乌达煤田煤矸石的废气进行了测量，发现煤矸石附近的空气中，汞的平均含量（43.2 纳克/立方米）明显升高，是大气含量中正常水平的 15 ~ 30 倍。马一丁等（2017）对锡林郭勒盟煤电基地的大气环境容量进行分析及预测，发现大气污染物排放量主要集中在锡林郭勒盟的中部和东部的煤电基地建设区。Papagiannis 等（2014）以希腊 Macedonia 露天煤矿为例，探讨了露天煤矿开采过程中粉尘排放的外部效应，结果表明，煤炭开采每年的空气污染外部效应为 3 欧元/吨煤，约相当于 5.0 欧元/兆瓦时。

五、露天煤矿开采对社会经济的影响

（一）露天煤矿开采的经济影响

在经济影响方面，已有研究人员开展了露天煤矿开发与经济增长关系的研究。绝大多数研究表明，露天煤矿开采对推动经济发展有重要贡献（孙承志和杨娟,2011;刘慧和马洪云,2014)。比如,孙承志和杨娟(2011)基于内蒙古1988~2009年统计数据,运用计量经济学模型,对内蒙古煤炭生产量、煤炭消费量和GDP进行了协整检验,结果表明煤炭生产量的增加会一直促进内蒙古经济的发展。刘晶(2010)通过对内蒙古能源消费与经济增长的统计数据进行相关分析,发现GDP每增加1亿元,能源消费总量就增加1.98万吨标准煤。刘慧和马洪云(2014)选取1991~2010年内蒙古煤炭资源丰裕度和物质资本投资等指标,对煤炭资源开发和经济增长进行了相关分析,结果表明,1991~2010年蒙古高原煤炭产量增长量与人均GDP增长额之间存在正相关关系。由此可见,内蒙古露天煤矿开发对推动经济增长有重要贡献。

(二)露天煤矿开采的社会影响

在社会影响方面,已初步开展了露天煤矿开发对农牧民权益和社会公平性等的影响研究(Liu et al.,2014;李丽英,2016)。现有研究表明,露天煤矿开采在促进经济发展的同时,会在一定程度上拉大贫富差距,损害农牧民权益,激发社会矛盾,增大社会不公平性。比如,李丽英(2016)通过调研分析了内蒙古煤炭资源开发利益分享现状,提出要完善煤炭资源开发利益分享机制,使当地农牧民能够共享开发利益,以切实保障当地农牧民的权益,化解当地农牧民与煤炭企业之间的利益冲突,促进社会和谐稳定发展。Liu等(2014)指出,内蒙古露天煤矿开发会激发民族矛盾。由此可见,露天煤矿开发已经对当地人类福祉产生了不容忽视的影响。

六、研究区概况

(一)研究区自然概况

鄂尔多斯市位于内蒙古自治区的西南部,地处37°35′~40°51′N和106°42′~111°27′E,土地总面积约为8.70万平方千米,占全区土地总面积的7.35%。该市辖2区7旗,分别是康巴什区、东胜区、伊金霍洛旗、准格尔旗、鄂托克旗、乌审旗、鄂托克前旗、杭锦旗和达拉特旗。锡林郭勒盟位于内蒙古自治区的中部，地处 42°32′~46°41′N 和 111°59′~120°00′E，土地总面积约为 20.30万平方千米，占全区土地总面积的 17.16%。全盟辖 2 市、9 旗、1 县、1 个管理区和 1 个开发区，分别是锡林浩特市、二连浩特市、苏尼特左旗、苏尼特右旗、阿巴嘎旗、东乌珠穆沁旗、西乌珠穆沁旗、镶黄旗、正镶白旗、太仆寺旗、正蓝旗、多伦县、乌拉盖管理区、锡林郭勒经济技术开发区。

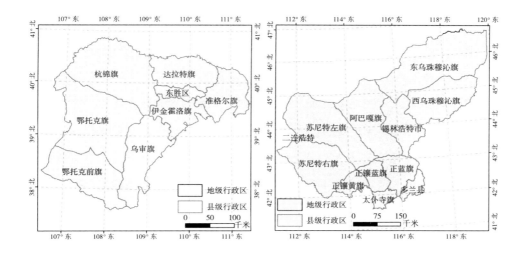

1-3 鄂尔多斯市和锡林郭勒盟的位置

鄂尔多斯市的地势西高东低，海拔在 850~2149 米。该地区地貌类型包括平原、丘陵山区、高原、沙地和沙漠等（陈晓江，2016）。区域气候类型属于温带半干旱大陆性气候（王静爱和左伟，2010），夏季炎热少雨，冬季寒冷干燥，多年平均温度为 6.0~8.5 摄氏度，年均降水量为 150~620 毫米，呈现由西北向东南递增的空间特征，降水主要发生在 7~9 月（张渭军等，2012；陈晓江，2016）。主要植被是以沙生、旱生的半灌木为主的干草原和荒漠草原，植被覆盖率在40%左右（陈玉福，2001）。鄂尔多斯的植被环境主要由北部的沿黄河农灌区、东部的温带禾草草原区、东南部的温带落叶灌丛区、西南部的草原化荒漠区以及西北部的荒漠区五种植被类型组成（许端阳，2009）。鄂尔多斯市大部分位于温带干草原淡栗钙土亚地带，西部属荒漠草原棕钙土亚地带，南部为森林草原黑垆土地带（付德明，2009）。2015年，鄂尔多斯市水资源总量为18.14亿立方米，占内蒙古全区水资源总量的3.38%。其中，地表水资源量仅为0.23亿立方米，占全区地表水资源总量的0.06%，因此该地区的水资源主要来自对地下水的开发。

鄂尔多斯市煤炭资源丰富，全市已探明煤炭储量约1496亿吨，约占全国总储量的1/6，内蒙古自治区的1/2。在全市87000多平方千米土地上，70%的地表下埋藏着煤。按地域位置，全市可划分为东西南北四大煤田。东部即准格尔煤田，西部即桌子山煤田，南部即东胜煤田，北部即乌兰格尔煤田。鄂尔多斯市的煤炭资源不仅储量大，分布面积广，而且煤质品种齐全，有褐煤、长焰煤、不粘结煤、弱粘结煤、气煤、肥煤、焦煤。而且大多埋藏浅，垂直厚度深，适合露天开采。鄂尔多斯煤炭品质优良，有低灰、低磷、低硫和高发热量等特点，属于世界罕见的"精煤"。

锡林郭勒盟地势南高北低，海拔在755～1859米。该地区地貌类型包括平原、低山丘陵和盆地等。锡林郭勒盟的气候类型属于温带半干旱、干旱大陆性气候，其主要气候特点是风大、干旱、寒冷。年平均气温0～3℃，平均降雨量295毫米，呈现由东南向西北递减的空间特征。年平均相对湿度在60%以下，蒸发量在1500～2700毫米，由东向西递增。锡林郭勒盟的草原总面积为192512平方千米，约占全盟土地总面积的95.03%，其中，天然草原占全盟草原总面积的97.2%（金云翔等，2011）。天然草原可分为五大类，即草甸草原、典型草原、荒漠草原、沙地植被和其他草场类。其中，典型草原主要分布于锡盟中部，是锡林郭勒草原的主体，地形以平原和低山丘陵为主，可利用面积为 13400 万亩，占全盟可利用草场的 50.6%。钙层土、干旱土和初育土是区域内分布最广的三种土壤类型，其中钙层土自北向南均有广泛分布，干旱土主要分布在西部地区，初育土主要部分在东南部地区。锡林郭勒盟地表水年径流量为 8.54×10^8 立方米，其中，河流年径流量为 7.2×10^8 立方米，其他地表水年径流量为 1.34×10^8 立方米。地下水资源比较丰富，年补给量为 54×10^8 立方米，可开采量为 15×10^8 立方米（杨霞，2016）。

锡林郭勒已探明煤炭资源储量 1448 亿吨，预测煤炭储量 2600 亿吨，被确定为国家重点建设的煤电基地。预测含煤区 60 余处，其中 5 亿～50 亿吨以上煤田 33 处，胜利、白音华、额和宝力格、高力罕、五间房等 6 处超百亿吨。总储量中，褐煤占 99.5%（褐煤储量居全国首位），长焰煤为 3.5 亿吨占 0.3%，部分褐煤中含稀有金属锗。

（二）研究区社会经济概况

20 世纪 90 年代以来，鄂尔多斯市经历了快速的经济发展和城市化进程（Woodworth et al.，2015；孙泽祥等，2017），由能源开采带动的区域经济发展使其成为中国财富最聚集的地区之一（Nelson et al.，2007；Woodworth et al.，2015；Woodworth，2017；刘小茜等，2018）。1990～2015 年，鄂尔多斯的城镇人口从 21.51 万人增长到 148.94 万人，增长了 5.95 倍，城镇人口占总人口的比例从 17.87% 增长到 73.13%，增长了 55.26 个百分点（内蒙古自治区统计局，1991，2016）。同期，鄂尔多斯市 GDP 总量从 1990 年的 14.87 亿元增长到了 2015 年的 4226.13 亿元（按照 1990 年不变价格计算），增长了 283.25 倍（内蒙古自治区统计局，1991，2016）。其中，第二产业占 GDP 的比重从 25.43% 增长到了 56.79%，增长了 31.36 个百分点；第三产业占 GDP 的比重从 26.65% 增长到了 40.87%，增长了 14.22 个百分点（内蒙古自治区统计局，1991，2016）。

（三）鄂尔多斯和锡林郭勒相关研究进展

在露天煤矿区时空格局量化方面，已有研究基于遥感数据和景观格局分析方法，刻画了鄂尔多斯市或锡林郭勒盟某一特定区域或大型矿区不同时段的露天煤矿区时空格局。研究发现，分布在两个地区的露天煤矿区面积总体呈现快速增加趋势，景观格局破碎化程度加剧。比如，Li 等（2015）基于 Landsat TM/ETM/OLI 数据，量化了鄂尔多斯毛乌素沙地 2000～2013 年露天煤矿区的时空格局变化，研究发现，2000～2013 年，毛乌素沙地的露天煤矿区的面积从 22.7 平方千米增加到 330.6 平方千米。郑利霞等（2014）以黑岱沟大型露天煤矿为例，基于 1987 年、1990 年、2000 年及 2010 年 4 期遥感影像和 GIS 空间分析功能，以破碎度、分离度和优势度景观格局指数和景观类型脆弱度为指标，分析了景观时空格局，研究表明，耕地、草地、未利用地的破碎度、分离度指数变化呈上升或不稳定状态，建设用地的破碎度和分离度指数有所减小，优势景观类型有所改变，建设用地对于区域景观的控制作用逐渐增强。李冬梅等（2014）应用景观生态学理论和景观格局分析方法，对准格尔旗露天煤矿区的景观格局变化进行了分析，结果表明，矿区开发主导了矿区景观格局变化，增加了建筑用地面积，严重地破坏了耕地，减少了耕地面积，而林地和草灌地面积虽有所增加，但其景观格局却更加破碎，使得生态系统更加不稳定。

在露天煤矿开采对区域环境影响方面，相关研究多集中在评估露天煤矿开采对区域水资源和植被动态等方面的影响上。例如，张兵等（2013）通过分析煤电工业需水量、乌拉盖水库水环境的情况，研究了煤电基地建设对乌拉盖水库周边水环境的影响（张兵等，2013）。佟长福等（2011）对鄂尔多斯市的工业用水变化规律和影响因素进行了分析，并采用定额法和增长比率法对鄂尔多斯市 2010 年、2015 年和 2020 年工业需水量进行了预测研究，发现到 2020 年万元工业增加值用水量控制在 35 立方米左右，需水量控制在 7.3 亿立方米左右，才能保障该区经济社会可持续发展和改善生态环境。韩慧等（2010）根据实地调查结果，对鄂尔多斯市环境的现状、因煤炭开发引起的环境污染、生态破坏相关指标进行价值量的核算，研究发现，鄂尔多斯市煤炭开发中的环境污染损失为 56.53 元/吨煤，生态损失为 182.35 元/吨煤，可见煤炭开发给鄂尔多斯市经济发展带来巨大收益的同时，也给鄂尔多斯市带来非常严重的环境损失。姚喜军等（2017）对鄂尔多斯伊金霍洛旗纳林陶亥煤矿区一年内大气降尘监测样点的数据进行分析，发现开采区、工业区和交通区是降尘分布的主要区域，露天煤矿开采活动是导致该矿区粉尘污染的重要原因。马梅等（2017）基于遥感数据，分析了锡林郭勒草原 1981～2013 年草地退化的变化特征，发现锡林郭勒草原长期处于退化趋势，能源矿产资源的不合理开发是导致草地退化的重要因素。关春竹等（2017）分析了锡林浩特市露天煤矿区 2005～2015 年的土地利用变化情况，发现露天煤矿开采对草原生态系统扰动剧烈，露天煤矿区的面积呈增加趋势，草地面积不断减少，排土区的面积增加了 3183.48 公顷，草地面积减少了 8661.15 公顷。苏日古格等（2016）分析了鄂尔多斯市 2001～2013 年的植被覆盖动态，并从气候变化和人类活动方面分析植被变化的原因，研究发现，煤炭开采活动是影响鄂尔多斯植被变化的重要原因。Tang 等（2016）分析了锡林郭勒地区 2000～2011 年生态承载力的动态变化，人均生态足迹由 3.215 全球公顷逐渐增加到 8.189 全球公顷，2000～2005 年锡林郭勒处于生态盈余阶段，2006～2011 年呈现生态赤字，2011 年生态赤字高达 3.605 全球公顷，煤炭资源的开发和过度放牧是造成生态赤字的主要原因。

在露天煤矿开采对区域社会经济影响方面，现有研究主要集中在露天煤矿开采对经济发展、居民收入和人类福祉等方面的影响评估上。刘焱等（2011）从生态文明视角，对"鄂尔多斯模式"所产生的社会经济等问题进行了深层次分析，研究发现，鄂尔多斯的经济增长主要依赖于煤炭资源的粗放式发展，产业结构严重失衡，从而导致全市高产出与低收入之间的矛盾日益突出。斯琴巴特尔（2018）以锡林郭勒盟牧民收入为切入点，通过调查研究，深入分析了锡林郭勒地区不同的经济社会发展阶段牧民收入结构的变化及其影响因素。Dai 等（2014）通过对内蒙古锡林郭勒盟 864 名牧民进行问卷调查，发现内蒙古锡林郭勒盟的煤炭资源开发对牧民不利，这种资源的迅速开发并没有明显地改善牧民的生活，即草原煤炭资源开发对牧民福祉的负面影响大于正面影响。

七、现有研究中存在的主要问题

综合以上分析，本书发现目前研究中主要存在以下三个方面的问题。

第一，现有的露天煤矿区监测方法多采用基于光谱信息的传统遥感分类方法，忽视了空间信息的重要性，致使分类精度总体较低。

第二，现有关于鄂尔多斯和锡林郭勒露天煤矿区的时空格局量化研究大都聚焦于局地尺度，缺乏对鄂尔多斯和锡林郭勒露天煤矿区时空格局变化的多尺度分析和不同区域间的对比分析。

第三，在露天煤矿区对环境和社会经济影响评价方面，现有研究多从某一方面的影响入手，缺乏对环境、社会和经济多方面的综合影响评估。

因此，亟须发展一种快速有效获取露天煤矿区的遥感监测方法，在多个尺度系统量化鄂尔多斯和锡林郭勒露天煤矿区的时空格局，分析区域露天煤矿开采对社会经济和环境的影响并对比其差异，为合理优化露天煤矿区的空间格局，促进区域可持续发展提供数据基础和科学依据。

第三节　本书的科学问题、研究目标、研究思路和研究框架

本书的科学问题如下：

（1）如何快速准确地提取露天煤矿区信息？

（2）鄂尔多斯和锡林郭勒 1990～2015 年露天煤矿区的时空格局有何特征？

（3）鄂尔多斯和锡林郭勒露天煤矿区时空格局的变化对社会经济和环境有何影响？

针对以上的科学问题，本书的主要研究目标在于认识和理解鄂尔多斯和锡林郭勒露天煤矿区的时空格局特征，揭示露天煤矿区时空格局的变化对社会经济环境的影响，为寻求区域的可持续发展途径提供依据。为此，本书将基于"格局—过程—影响"的现代地理学和景观可持续科学研究思路，在发展露天煤矿区遥感监测新方法的基础上，量化鄂尔多斯和锡林郭勒 1990～2015 年露天煤矿区的时空格局变化，评价鄂尔多斯和锡林郭勒露天煤矿区的时空格局变化对社会经济和环境的影响，如图 1-4 所示。

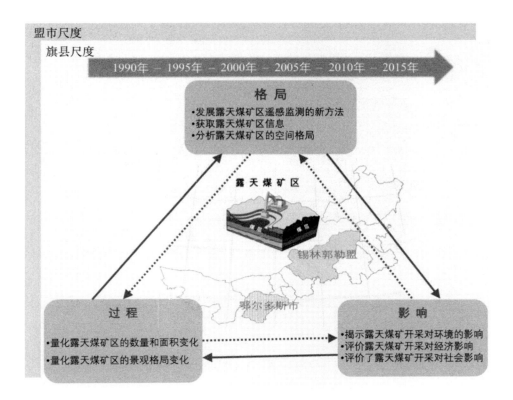

图 1-4　研究思路

针对上述研究目标，确定了本书的基本研究框架（见图1-5），主要包括六章内容，具体安排如下：

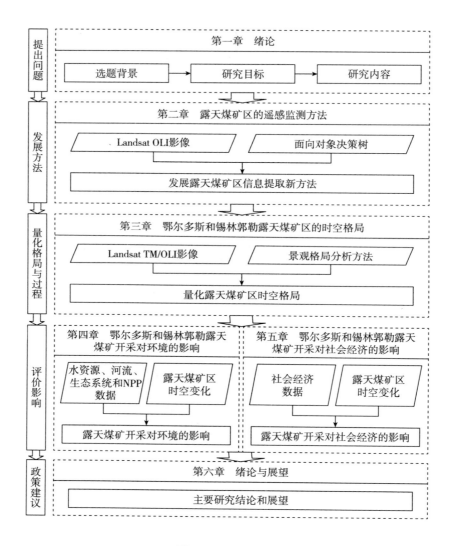

图1-5 研究框架

第二章　露天煤矿区的遥感监测方法

　　本章将基于遥感技术，发展一种基于面向对象决策树的露天煤矿区监测新方法，目的在于及时、准确和快速地获取露天煤矿区信息，为开展露天煤矿区的时空格局变化及其对社会经济环境影响研究奠定基础。首先，详细介绍了该方法的基本思路和步骤，主要包括面向对象多尺度分割、计算各个对象的光谱特征和建立面向对象决策树提取露天煤矿区信息。其次，基于高分辨率遥感影像，对提取的结果进行精度验证，并与其他三种传统的露天煤矿区信息提取方法进行比较。最后，基于面向对象决策树方法提取鄂尔多斯东部 2014 年露天煤矿区信息。

　　快速、准确地提取露天煤矿区信息是揭示露天煤矿区时空格局变化及其对环境、社会和经济影响的重要基础。近年来，遥感数据为提取露天煤矿区信息提供了可靠的数据源（Mamula，1978；Slonecker & Benger，2001；Petropoulos et al.，2013）。但目前基于遥感数据的露天煤矿区信息提取方法仅考虑了地物光谱信息，未充分利用地物的空间位置信息，难以快速、准确地提取露天煤矿区（Demirel et al.，2011a，2011b；Mao et al.，2014）。面向对象决策树方法能够结合地物光谱信息以及地物的形状、纹理和上下文等信息来获取目标地物，为快速准确提取露天煤矿区信息提供了新的途径（Laliberte et al.，2007）。但是，利用面向对象决策树来准确提取露天煤矿区的相关研究还比较少。

本章的目的在于发展一种基于面向对象决策树的露天煤矿区信息提取新方法。为此，首先详细阐述了该方法的基本思路和步骤。其次基于 Landsat - 8 Operational Land Imager（OLI）数据，利用此方法获取了鄂尔多斯东部地区 2014 年露天煤矿区信息。最后讨论了面向对象决策树方法在提取露天煤矿区信息过程中的优势。

第一节　数据

本书采用了 Landsat - 8 Operational Land Imager 多光谱数据来提取露天煤矿区。该数据来源于 United States Geological Survey 数据共享平台（http：//glovis. usgs. gov）。数据的成像时间为 2014 年 7 月 30 日，行列号为 127/33，覆盖了鄂尔多斯东部主要的露天煤矿区（见图 2 - 1），空间分辨率为 30 米，数据

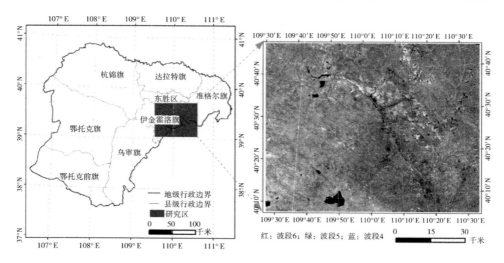

图 2 - 1　研究使用的 Landsat - 8 OLI 数据

涵盖了蓝、绿、红、近红外和短波红外等 8 个波段信息（Roy et al.，2014）。此外，本书使用了高分一号卫星（Gaofen - 1）多光谱与全色波段的真彩色融合数据来进行精度验证。该数据来源于中国科学院遥感集市云平台（http：//www. rscloudmart. com）。数据的成像时间为 2014 年 6 月 12 日，空间分辨率为 2 米。

第二节　方法

本书的方法主要包括分割影像、计算各个对象的光谱特征和基于面向对象决策树提取露天煤矿区三个基本步骤。

一、分割影像

参考 Baatz 和 Schape（2000）的研究，采用面向对象的多尺度图像分析方法对 Landsat - 8 OLI 影像进行分割，以得到基本的分析单元（见图 2 - 2）。该方法是在统计各像元的光谱、纹理和形状等特征的基础上，以分割后对象间的异质性为标准，根据输入的控制参数自下而上地将像元合并为对象。其中，主要输入参数包括分割尺度以及颜色（Color）、形状（Shape）、光滑度（Smoothness）和紧凑度（Compactness）四项要素的权重。本书将 Landsat - 8 OLI 多光谱影像作为输入数据，通过参考 Laliberte 等（2007）的研究，采用目视判读法，以分割结果中绝大部分开采区被合并为独立对象为基本标准确定了最优分割参数，对影像进行了面向对象的分割。其中，分割尺度设为 200，颜色、形状、光滑和紧凑度四项要素的权重分别设为 0.9、0.1、0.5 和 0.5。

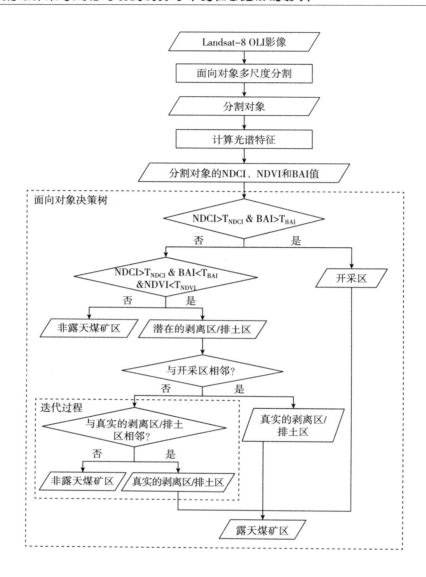

图 2-2　面向对象决策树方法的技术流程

二、计算各个对象的光谱特征

参考 Tucker（1979）、Bouziani 等（2010）、翟孟源等（2012）和 Mao 等

（2014），选择了能够充分反映露天煤矿区光谱特征的归一化煤指数（Normalized Difference Coal Index，NDCI）、归一化植被指数（Normalized Difference Vegetation Index，NDVI）和建成区指数（Built – up Area Index，BAI）三个指数，计算了各个对象的光谱特征。三个指数的具体计算公式如下：

$$NDCI = (MIR - NIR)/(MIR + NIR)，\qquad\qquad (2-1)$$

$$NDVI = (NIR - R)/(NIR + R)，\qquad\qquad (2-2)$$

$$BAI = (B - NIR)/(B + NIR)，\qquad\qquad (2-3)$$

式中，B 表示蓝光波段，R 表示红光波段，NIR 表示近红外波段，MIR 表示短波红外波段。在 Landsat – 8 OLI 数据中，B、R、NIR 和 MIR 分别为第 2、第 4、第 5 和第 6 波段。基于上述公式，根据各对象第 2、第 4、第 5 和第 6 波段的平均 Digital number（DN）值，计算了 NDCI、NDVI 和 BAI。

三、基于面向对象决策树提取露天煤矿区

面向对象决策树的基本思路是先基于各个对象的光谱特征提取出开采区和潜在的剥离区与排土区，再根据开采区、剥离区和排土区紧密相邻的空间位置关系识别出实际的剥离区与排土区，最后将获取的开采区、剥离区和排土区合并为露天煤矿区，如图 2 – 3 所示。

首先，参考翟孟源等（2012）和 Mao 等（2014）的研究，根据开采区光谱特征，提取出开采区和非开采区。开采区的判别公式如下：

$$EA_i = \begin{cases} 1 & NDCI_i > T_{NDCI} \ \& \ BAI_i > T_{BAI} \\ 0 & \text{Otherwise} \end{cases} \qquad (2-4)$$

式中，EA_i 表示第 i 个对象是否为开采区，1 表示为开采区，0 表示为非开采区。$NDCI_i$ 和 BAI_i 分别表示第 i 个对象的 NDCI 值和 BAI 值，T_{NDCI} 和 T_{BAI} 分别表示提取开采区的 NDCI 和 BAI 最佳阈值。

（a）高分一号影像
红：波段1；绿：波段2；蓝：波段3

（b）基于高分一号影像提取的结果

（c）基于面向对象决策树提取的结果

（d）提取结果的对比

图2-3　基于高分一号影像的精度评价结果

注：（a）是研究区内的高分一号影像数据；（b）是基于高分一号目视解译提取的露天煤矿区；（c）是基于面向对象决策树提取的露天煤矿区；（d）是两种方法提取结果的对比。

其次，对于非开采区，进一步利用式（2-5）识别出潜在的剥离区与排土区：

$$PSD_i = \begin{cases} 1 & NDCI_i > T_{NDCI} \ \& \ BAI_i < T_{BAI} \ \& \ NDVI_i < T_{NDVI} \\ 0 & \text{Otherwise} \end{cases} \quad (2-5)$$

式中，PSD_i 表示第 i 个对象是否为潜在的剥离区和排土区，1 表示为潜在的剥离区和排土区，0 表示为非矿区。$NDVI_i$ 表示第 i 个对象的 $NDVI$ 值，T_{NDVI} 表示提取潜在的剥离区与排土区的 NDVI 最佳阈值。具体地，参考 Chen 等（2003）和 Liu 等（2012）的研究，通过选择参考样本，以提取结果与样本最匹配为标准，确定了 NDCI、NDVI 和 BAI 的最佳阈值。针对研究区中存在的开采区、排土区/剥离区、草地、裸地、建筑用地、河流和湖泊七类地物，根据目视判读，在 Landsat-8OLI 影像分割结果中逐类选取了 100 个样本，共计 700 个样本。基于样本统计出的 NDCI、NDVI 和 BAI 最佳阈值分别为 -0.01、0.13 和 -0.05。

再次，根据开采区、剥离区和排土区紧密相邻的空间位置关系（见图 2-2），对所有潜在的剥离区与排土区进行判别，从中识别出实际的剥离区与排土区。主要包括三个步骤：第一步，在 $t=0$ 时（初始状态），本书利用式（2-6），将所有与开采区相邻的潜在剥离区和排土区识别为实际的剥离区和排土区。式（2-6）表示为：

$$RSD_{i,t} = \begin{cases} 1 & \sum_j EA_{i,j}^{neighbor} > 0 \\ & \quad\quad\quad\quad\quad , (t=0) \\ 0 & \text{Otherwise} \end{cases} \quad (2-6)$$

式中，$RSD_{i,t}$ 表示在第 t 次迭代下第 i 个对象是否为实际的剥离区和排土区，1 为实际的剥离区和排土区，0 为非剥离区和排土。$EA_{i,j}^{neighbor}$ 表示与对象 i 相邻的第 j 个对象是否为开采区，1 为开采区，0 为非开采区。

第二步，在 $t>0$ 时，采用式（2-7），逐步识别出真实的剥离区和排土区。式（2-7）表示为：

$$RSD_{i,t} = \begin{cases} 1 & RSD_{i,t-1} = 1 \mid \sum_j RSD_{i,j,t-1}^{neighbor} > 0 \\ 0 & \text{Otherwise} \end{cases}, \quad (t = 1, 2, \cdots, n)$$

$$(2-7)$$

式中，$RSD_{i,t-1}$ 表示在第 $t-1$ 次迭代下第 i 个对象是否为实际的剥离区和排土区，$RSD_{i,j,t-1}^{neighbor}$ 表示在第 $t-1$ 次迭代下与对象 i 相邻的第 j 个对象是否为剥离区和排土区，1 为实际的剥离区和排土区，0 为非剥离区和排土区。

第三步，反复迭代，直到没有新的剥离区和排土区被识别出时，即 $\sum_i RSD_{i,t} - \sum_i RSD_{i,t-1} = 0$ 时停止迭代，认为所有的真实剥离区和排土区都已被识别出来。

最后，将得到的真实剥离区和排土区与利用式（2-4）得到的开采区进行合并，从而提取出整个区域的露天煤矿区。

第三节　结果与讨论

一、精度评价

参考 Fernandez - Manso 等（2012）和 Qian 等（2014）的工作，考虑到 Landsat - 8OLI 影像 30 米的空间分辨率，本书将基于空间分辨率为 2 米的 Gaofen - 1 影像上目视判读得到的露天煤矿区作为"真值"来进行精度评价。首先，通过目视解译，从 Gaofen - 1 影像中提取出了准确的露天煤矿区信息，并将其作为真实的矿区（见图 2-3）。其次，将基于面向对象决策树提取的露天煤矿区与真值进行对比，进行了精度评价（见图2-3、表2-1）。

表2-1 露天煤矿区精度评价混淆矩阵

		高分一号影像提取结果（平方千米）		合计（平方千米）
		露天煤矿区	非露天煤矿区	
基于面向对象决策树的提取结果（平方千米）	露天煤矿区	27.83	6.06	33.89
	非露天煤矿区	6.68	394.33	401.01
合计（平方千米）		34.51	400.39	434.90
Kappa系数：0.80；总体精度：97.07%				
数量误差：0.14%；位置误差：2.79%				

注：数量误差是指由于参考图和比较图中各类别所占比例的不同而引起的差值（Pontinus et al.，2011）。位置误差是指在给定各类占比的前提下，由于参考图和比较图中各类别空间分布的不匹配而引起的差值（Pontius et al.，2011）。

精度评价结果显示，露天煤矿区的总体精度为97.07%，生产者精度为80.64%，用户精度为82.11%，Kappa系数为0.80，数量误差为0.14%，位置误差为2.79%（见表2-1和表2-2）。同时，开采区的总体精度为98.77%，Kappa系数为0.76，数量误差为0.14%，位置误差为1.09%（见表2-3）。这表明基于面向对象决策树提取的结果准确可靠，可以有效反映研究区露天煤矿区的实际数量和空间格局。

表2-2 四种方法提取露天煤矿区的精度评价

方法	总体精度（%）	生产者精度（%）	用户精度（%）	Kappa系数	数量误差（%）	位置误差（%）
面向对象决策树	97.07	80.64	82.11	0.80	0.14	2.79
监督分类	96.25	81.91	73.75	0.76	0.88	2.87
面向对象分类	91.28	24.79	41.70	0.27	3.22	5.50
决策树分类	93.92	39.79	70.82	0.48	3.48	2.60

表 2 - 3   开采区精度评价混淆矩阵

基于面向对象决策树的提取结果（平方千米）		高分一号影像提取结果（平方千米）		合计（平方千米）
		露天煤矿区	非露天煤矿区	
	露天煤矿区	8.60	2.38	10.98
	非露天煤矿区	2.99	420.94	423.93
合计（平方千米）		11.59	423.32	434.91
Kappa 系数：0.76；总体精度：98.77%				
数量误差：0.14%；位置误差：1.09%				

二、露天煤矿区的空间格局

研究区 2014 年共有 277 个露天煤矿区，面积共计 180.53 平方千米，占区域总面积的 2.61%，主要分布在研究区的东部（见图 2 - 4（a））。其中，面积大于 10 平方千米的矿区共有 2 个（见图 2 - 4（b））。最大的露天煤矿区面积达 16.57 平方千米，占区域露天煤矿区总面积的 9.18%。面积在 1~10 平方千米的露天煤矿区有 46 个，面积为 111.09 平方千米，占区域露天煤矿区总面积的 61.54%。此外，面积小于 0.1 平方千米的矿区共有 135 个，约占总矿区数量的一半（见图 2 - 4（b））。最小的矿区面积仅为 0.01 平方千米。

开采区共计 55.06 平方千米，占露天煤矿区总面积的 30.50%。其中，开采区大于 1 平方千米的矿区共有 10 个，面积为 19.49 平方千米，占开采区总面积的 35.40%（见图 2 - 4（c））。最大的开采区达 3.81 平方千米，占开采区总面积的 6.92%。178 个矿区的开采区不足 0.1 平方千米，占矿区总数的 64.26%。最小的开采区面积仅为 0.004 平方千米。

剥离区和排土区共计 125.47 平方千米，占露天煤矿区总面积的 69.50%。其中，仅有一个露天煤矿区的剥离区和排土区面积大于 10 平方千米（见图2 - 4（d）），达 12.78 平方千米，占区域剥离区和排土区总面积的 10.18%。28 个露天煤矿区的剥离区/排土区的面积在 1～10 平方千米，面积为 75.28 平方千米，占剥离区/排土区总面积的 60%。此外，118 个矿区的剥离区和排土区面积小于 0.1 平方千米，占矿区总数的 42.60%。

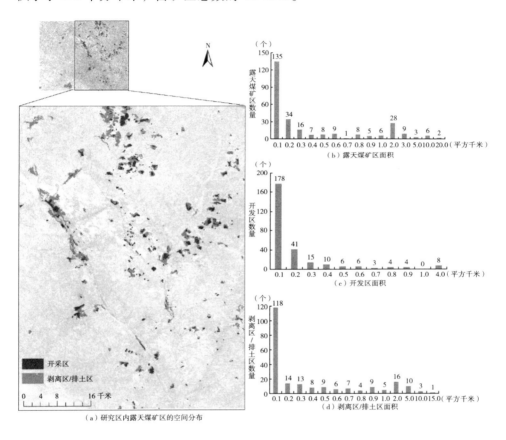

（a）研究区内露天煤矿区的空间分布

图 2-4　研究区露天煤矿区的分布情况

三、面向对象决策方法与其他方法的比较

为了进一步评价新方法的有效性，参考 Demirel 等（2011）、翟孟源等（2012）以及 Hou 和 Hu（2012）的研究，分别利用基于光谱信息的监督分类、决策树分类和面向对象分类三种方法，基于 Landsat-8 OLI 数据提取了露天煤

矿区信息（见图 2-5 和表 2-4）。

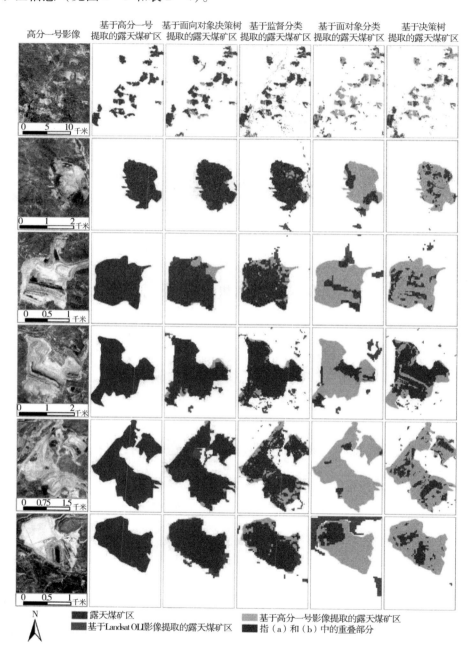

图 2-5　不同方法提取的露天煤矿区

表 2 - 4　监督分类、面向对象分类和决策树分类方法的具体步骤

分类方法	具体步骤	参考文献
监督分类	选择训练样本，分别选取开采区、剥离区/排土场、植被、裸地、建筑物、河流和湖泊 7 类地物类型	Demirel et al. （2011a）
	采用最大似然法分类	
	合并开采区、剥离区/排土区，得到露天煤矿区	
决策树分类	选择露天煤矿区和非露天煤矿区作为训练样本	翟孟源等 （2012）
	确定红波段、绿波段和蓝波段的阈值	
	基于红波段、绿波段和蓝波段建立决策树	
	基于决策树提取露天煤矿区（如红波段＜阈值和绿波段＜阈值和蓝波段＜阈值）	
面向对象分类	面向对象分割	侯飞和胡召玲 （2012）
	基于光谱信息计算各对象的亮度值	
	选择露天煤矿区和非露天煤矿区作为训练样本	
	确定露天煤矿区的亮度阈值	
	基于确定的阈值提取露天煤矿区（如分割对象的亮度值＜亮度阈值）	

　　精度评价结果表明，这三种方法提取的露天煤矿区 Kappa 系数均低于 0.77，生产者精度均低于 82%，用户精度均低于 74%（见表 2 - 2）。其中，利用面向对象方法提取的露天煤矿区 Kappa 系数仅为 0.27，生产者精度仅为 24.79%，用户精度仅为 41.70%（见表 2 - 2）。面向对象方法提取的最大露天煤矿区的 Kappa 系数和总体精度最低，Kappa 系数为 0.48，总体精度为 77.29%（见图 2 - 6）。监督分类方法提取的最小露天煤矿区的 Kappa 系数和总体精度最低，Kappa 系数为 0，总体精度为 37.86%。

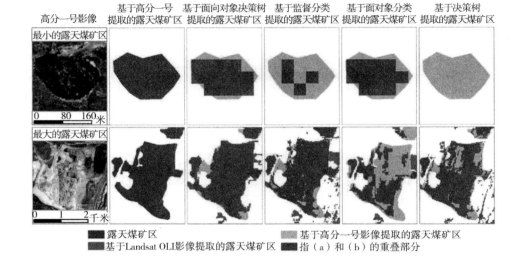

图 2-6 不同方法提取的最大露天煤矿区和最小露天煤矿区

第四节 小结

本章发展了一种基于面向对象决策树的露天煤矿区监测方法。该方法具有两个比较明显的优势。

首先，该方法可以快速地获取露天煤矿区信息，与传统的人工目视解译相比省时省力，尤其是在提取大范围的露天煤矿区信息时具有比较明显的优势。

其次，面向对象决策树方法可以准确地提取露天煤矿区信息，提取的露天煤矿区信息总体精度为 97.07%，平均 Kappa 系数为 0.80，用户精度和生产者精度均高于 80%（见表 2-2）。与传统的监督分类、决策树分类和面向对象分类三种方法相比，该方法明显提高了分类精度。这主要是因为基于面向对象决策树的提取方法通过加入空间位置信息，可以有效剔除与露天煤矿开采区不相邻的建筑物和裸地，从而有效减少误分与漏分现象。可见，新方法为及时准确地提取露天煤矿区提供了新的途径，具有较大的应用潜力。

第三章　鄂尔多斯和锡林郭勒露天煤矿区的时空格局

  量化露天煤矿区的时空格局是评价露天煤矿区对环境社会经济影响的前提。本章采用面向对象决策树露天煤矿区遥感监测方法，提取了鄂尔多斯和锡林郭勒 1990 ~ 2015 年的露天煤矿区信息。同时，结合景观生态学方法量化了鄂尔多斯和锡林郭勒露天煤矿区的时空格局变化。最后，对鄂尔多斯和锡林郭勒两个不同区域的露天煤矿区的时空格局变化进行了对比研究，并总结了露天煤矿区时空格局变化的共同特征。

  及时准确地掌握鄂尔多斯和锡林郭勒露天煤矿区的时空格局变化是评价区域露天煤矿开采对环境、社会和经济影响的基础，对维持和促进区域可持续发展具有重要意义。目前，已经有学者对鄂尔多斯和锡林郭勒的露天煤矿区时空格局进行了研究。但是，现有研究仅关注鄂尔多斯和锡林郭勒内个别露天煤矿区的时空格局变化，缺乏对两个区域露天煤矿区时空格局的整体研究，同时缺乏鄂尔多斯和锡林郭勒露天煤矿区时空格局变化的对比研究。

  本章目的在于量化鄂尔多斯和锡林郭勒 1990 ~ 2015 年露天煤矿区的时空格局，并对比两个区域露天煤矿区时空格局的异同。首先，基于遥感数据分别获取了鄂尔多斯地区 1990 年、1995 年、2000 年、2005 年、2010 年和 2015 年露天煤矿区的空间分布信息。其次，利用景观指数分析了鄂尔多斯和锡林郭勒 1990 ~ 2015 年露天煤矿区的时空格局。最后，比较了两个区域露天煤矿区时空格局变化的异同。

第一节　方法

一、数据

1990 ~ 2015 年 Landsat TM/OLI 影像来源于 United States Geological Survey 数据共享平台（http：//glovis. usgs. gov），空间分辨率为 30 米，覆盖了鄂尔多斯和锡林郭勒，获取时间为 1990 年、1995 年、2000 年、2005 年、2010 年和 2015 年 6 ~ 7 月，该时间段是植被的生长季，有利于提取露天煤矿信息。用于精度评价的 Google earth 数据来源于 https：//www. google. com/earth，数据的成像时间为 2015 年 9 月 12 日。本书还使用了由中国国家测绘中心发布的中国 1：100 万的行政边界数据和高程数据。

二、提取露天煤矿区

本书以 Landsat TM/OLI 数据为主要数据源，结合面向对象决策树方法和目视判读法，提取了鄂尔多斯和锡林郭勒 1990 年、1995 年、2000 年、2005 年、2010 年和 2015 年露天煤矿区的空间范围。面向对象决策树方法主要包括分割影像、计算各个对象的光谱特征和基于面向对象决策树提取露天煤矿区三个基本步骤。

首先，对 Landsat TM/OLI 数据进行多尺度分割，分割尺度为 200，颜色、形状、光滑度和紧凑度四项要素的权重分别为 0.9、0.1、0.5 和 0.5。其次，参考 Tucker（1979）、Bouziani 等（2010）、翟孟源等（2012）和 Mao 等

（2014），选择了能够充分反映露天煤矿区光谱特征的归一化煤指数（Normal-ized Difference Coal Index，NDCI）、归一化植被指数（Normalized Difference Vegetation Index，NDVI）和建成区指数（Built – up Area Index，BAI）三个指数，计算了各个对象的光谱特征。最后，根据建立的面向对象决策树模型，提取了鄂尔多斯和锡林郭勒 1990 年、1995 年、2000 年、2005 年、2010 年和 2015 年的露天煤矿区的空间范围。因面向对象决策树方法提取的露天煤矿区信息存在"漏分"现象，本书采用目视解译法对提取结果进行了纠正。

参考 Liu 等（2012）和 He 等（2014）采用的精度评价方法，本书分别基于统计数据和 Google earth 数据评价了鄂尔多斯和锡林郭勒 1990 ~ 2015 年露天煤矿区的精度。

首先，通过量化 1990 ~ 2015 年鄂尔多斯和锡林郭勒露天煤矿区面积与煤炭产量之间的相关关系，间接评价了露天煤矿区信息的精度。结果表明，露天煤矿区面积与煤炭产量显著相关，相关系数为 0.90，通过了 0.001 水平的显著性检验（见图 3 – 1）。

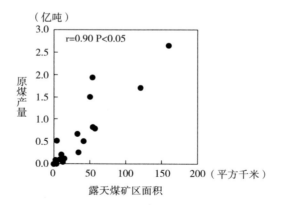

图 3 – 1 露天煤矿区面积与原煤产量之间的关系

其次，选择了5个不同的露天煤矿区，利用 Google earth 平台提供的高分辨率遥感数据，评价了2015年露天煤矿区信息的精度。评价结果表明，基于 Landsat TM/OLI 提取的露天煤矿区信息准确可靠，Kappa 系数为0.91，总体精度为96.21%，数量误差为1.88%，位置误差为1.91%，如图3-2所示。

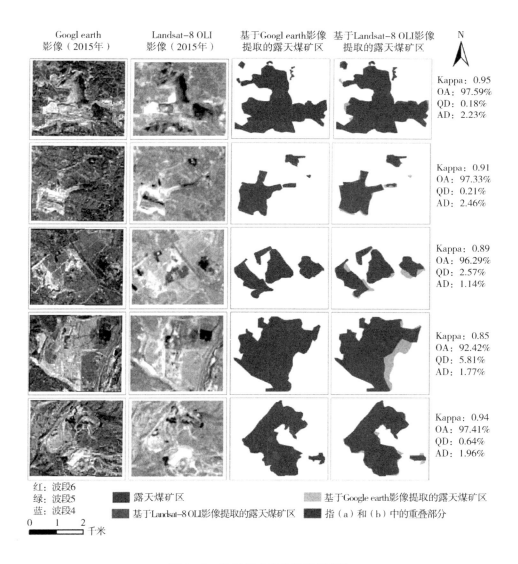

图3-2　露天煤矿区信息精度评价

三、量化露天煤矿区时空格局的方法

参考 Herzog（2001）、Wu（2011）和 Liu 等（2016）的研究，利用景观格局指数量化了鄂尔多斯和锡林郭勒 1990～2015 年露天煤矿区的时空格局。

首先，本书选择了斑块密度（Patch Density）、边缘密度（Edge Density）、斑块占景观面积比例（Percentage of Landscape）、平均斑块面积（Mean Patch Size）、最大斑块指数（Largest Patch Index）、景观形状指数（Landscape Shape Index）、平均最近邻距离（Nearest Neighbor Distance）、面积加权平均分维数（Area – Weighted Mean Fractal Dimension）和聚集度指数（Aggregation Index）9 个景观格局指数来揭示鄂尔多斯和锡林郭勒 1990～2015 年露天煤矿区的组成和空间配置特征，如表 3－1 所示。

表 3－1　选择的景观格局指数

景观指数	缩写	描述
斑块密度	PD	每平方千米（100 公顷）的斑块数（个/100 公顷）
边缘密度	ED	类或景观尺度上，每公顷边缘长度（米/公顷）
斑块占景观面积比例	PLAND	量化了景观中每种斑块类型的比例丰度。与总类面积一样，它是衡量许多生态应用中重要景观组成的指标（%）
平均斑块面积	MPS	景观中所有斑块的平均面积（公顷）
最大斑块指数	LPI	某一斑块类型中的最大斑块占据整个景观面积的比例（%）
景观形状指数	LSI	测量斑块复杂性，当景观中斑块形状不规则或偏离正方形时，LSI 增大
平均最近邻距离	NND	距离最近的相邻斑块的距离，最短的边到边距离（米）
面积加权平均分维数	AWMFD	斑块分维数相对面积加权，测量整个景观或特定斑块类型的各个斑块的平均形状复杂度
聚集度指数	AI	考察了每一种景观类型斑块间的连通性。取值越大，景观越聚集（%）

其次，在 FRAGSTATS4.2 景观格局分析软件平台下（McGarigal et al.，2002），在类型水平上计算了露天煤矿区 1990 年、1995 年、2000 年、2005年、2010 年和 2015 年的各个景观格局指数。

最后，在市级和旗县级尺度上，分别分析了 1990~2015 年各个景观格局指数的变化情况。

第二节　鄂尔多斯露天煤矿区的时空格局

一、鄂尔多斯露天煤矿区的空间分布

2015 年，鄂尔多斯市的露天煤矿区共计 665 个，总面积为 356.45 平方千米，占区域土地总面积的 0.41%（见图 3-3）。露天煤矿区大部分集中在鄂尔多斯的东北部地区。准格尔旗的露天煤矿区面积最大，为 160.30 平方千米，占整个鄂尔多斯地区露天煤矿区总面积的 45.00%。露天煤矿区面积在 50~100 平方千米的是东胜区和伊金霍洛旗，它们的露天煤矿区面积分别为 57.62平方千米和 55.05 平方千米。露天煤矿区面积在 10~50 平方千米的是达拉特旗和鄂托克前旗，它们的露天煤矿区面积分别为 41.60 平方千米和 35.68 平方千米。杭锦旗、乌审旗和鄂托克旗的露天煤矿区面积不足 10 平方千米，三个旗县的露天煤矿区面积分别为 0.64 平方千米、2.56 平方千米和 2.98 平方千米。

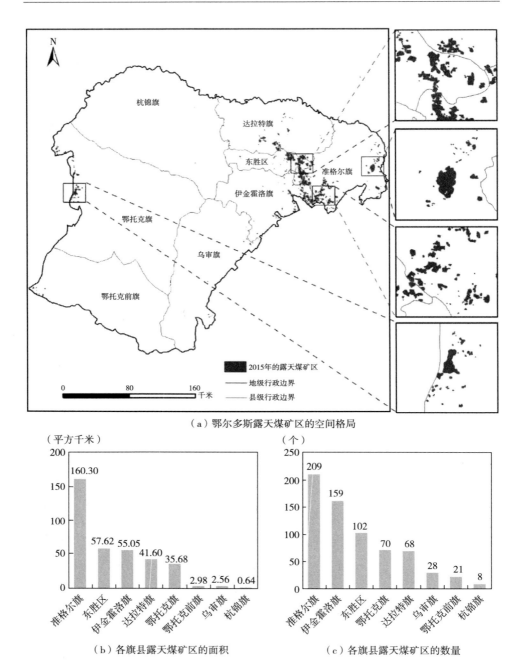

（a）鄂尔多斯露天煤矿区的空间格局

（b）各旗县露天煤矿区的面积

（c）各旗县露天煤矿区的数量

图 3 - 3　2015 年鄂尔多斯市露天煤矿区的分布情况

二、鄂尔多斯露天煤矿区的面积和数量变化

1990～2015 年，鄂尔多斯市露天煤矿区的面积和数量快速增加（见图 3－4（a））。露天煤矿区面积由 1990 年的 6.17 平方千米增加至 2015 年的 356.45 平方千米，增加了 56.77 倍（见图 3－4（b））。露天煤矿区的数量由 1990 年的 79 个增加到 2015 年的 665 个，增加了 7.42 倍（见图 3－4（c））。

准格尔旗的露天煤矿区面积增加最快，1990～2015 年，露天煤矿区面积增加了 159.03 平方千米，占整个鄂尔多斯市露天煤矿区面积增加量的 45.40%（见图 3－4（d））。露天煤矿区面积增加量在 50～100 平方千米的是东胜区和

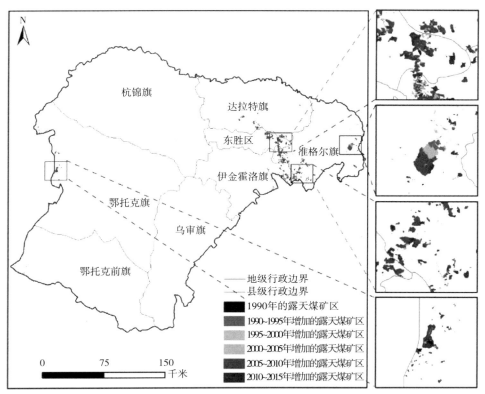

（a）鄂尔多斯市露天煤矿区的空间格局变化

图 3－4　1990～2015 年鄂尔多斯市露天煤矿区的变化

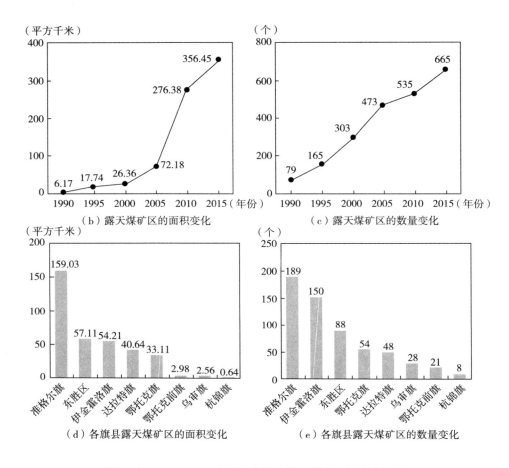

图3-4　1990~2015年鄂尔多斯市露天煤矿区的变化（续）

伊金霍洛旗，它们的露天煤矿区面积分别增加了57.11平方千米和54.21平方千米，分别占鄂尔多斯市露天煤矿区面积增加量的16.30%和15.48%。露天煤矿区面积增加量在10~50平方千米的是达拉特旗和鄂托克旗，它们的露天煤矿区面积分别增加了40.64平方千米和33.11平方千米，分别占鄂尔多斯市露天煤矿区面积增加量的11.60%和9.45%。杭锦旗、乌审旗和鄂托克前旗的露天煤矿区面积增加量不足10平方千米，三个旗县露天煤矿区面积的增加量分别为0.29平方千米、2.49平方千米和2.74平方千米，三个旗县的露天煤矿

表3-2 1990~2015年鄂尔多斯市露天煤矿区的面积和数量变化

城市/旗县	露天煤矿区面积（平方千米）							露天煤矿区数量（个）						
	1990年	1995年	2000年	2005年	2010年	2015年	面积变化（平方千米）	1990年	1995年	2000年	2005年	2010年	2015年	数量变化（个）
鄂尔多斯市	6.17	17.74	26.36	72.18	276.38	356.45	350.28*	79	165	300	473	535	665	586*
准格尔旗	1.27	10.80	14.34	33.86	121.60	160.30	159.03*	20	86	133	198	178	209	189*
东胜区	0.52	1.67	3.59	10.88	54.15	57.62	57.11*	14	20	41	58	65	102	88*
伊金霍洛旗	0.84	1.17	2.62	4.90	51.73	55.05	54.21*	9	10	55	87	122	159	150*
达拉特旗	0.96	0.94	1.52	12.46	36.40	41.60	40.64*	20	21	47	79	59	68	48*
鄂托克旗	2.57	3.16	4.18	9.72	11.33	35.68	33.11*	16	28	24	49	86	70	54*
鄂托克前旗	0.00	0.00	0.00	0.00	0.24	2.98	2.74**	0	0	0	0	9	21	21**
乌审旗	0.00	0.00	0.00	0.00	0.07	2.56	2.49**	0	0	0	0	4	28	28**
杭锦旗	0.00	0.00	0.00	0.35	0.87	0.64	0.29***	0	0	0	2	12	8	8***

注：*表示1990~2015年的变化量；**表示2010~2015年的变化量；***表示2005~2015年的变化量。

区面积增加量仅占整个鄂尔多斯市露天煤矿区面积增加量的 1.58%。

三、鄂尔多斯露天煤矿区景观格局变化

1990~2015 年，鄂尔多斯市露天煤矿区的景观破碎化程度加剧。从景观格局指数的变化量来看（见图 3-5、表 3-3），1990~2015 年露天煤矿区的斑块密度增加了 0.02 个/公顷，边缘密度增加了 0.69 米/公顷，斑块占景观面积比例增加了 1.30%，斑块平均大小增加了 53.32 公顷，最大斑块指数增加了 0.12%，景观形状指数增加了 15.40，面积加权平均斑块分维数增加了 0.03，斑块聚集度指数增加了 7.54，而平均最邻近距离在减少，减少了 934.98 米。

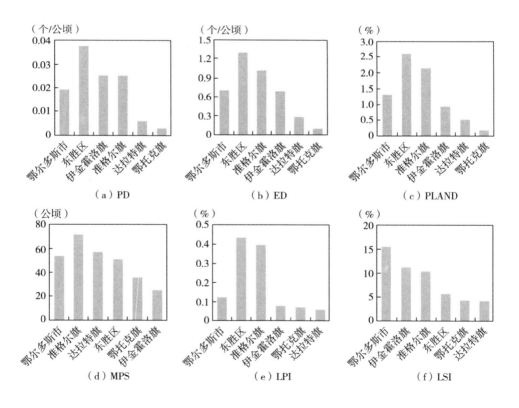

图 3-5 1990~2015 年鄂尔多斯市景观格局的变化

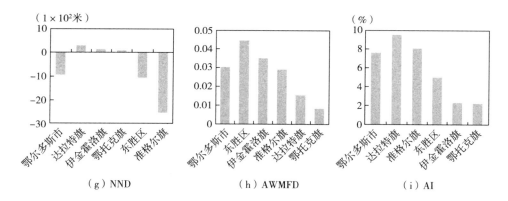

（g）NND　　　　　　　（h）AWMFD　　　　　　　（i）AI

图 3 - 5　1990~2015 年鄂尔多斯市景观格局的变化（续）

注：PD 表示斑块密度；ED 表示边缘密度；PLAND 表示斑块占景观比；MPS 表示平均斑块大小；LPI 表示最大斑块指数；LSI 表示景观形状指数；NND 平均欧几里得邻近距离；AWMFD 表示面积加权平均分维数；AI 表示聚集度指数。

表 3 - 3　1990~2015 年鄂尔多斯市景观指数的变化

景观指数	鄂尔多斯市	准格尔旗	东胜区	伊金霍洛旗	达拉特旗	鄂托克旗
PD（个/公顷）	0.02	0.03	0.04	0.03	0.01	0.00
ED（米/公顷）	0.69	1.00	1.29	0.68	0.26	0.09
PLAND（%）	1.30	2.12	2.59	0.91	0.49	0.16
MPS（公顷）	53.32	70.72	50.25	24.34	56.36	34.80
LPI（%）	0.12	0.39	0.43	0.08	0.06	0.07
LSI	15.40	10.35	5.69	11.17	4.09	4.28
NND（米）	-934.98	-2531.92	-1028.51	115.61	268.34	68.91
AWMFD	0.03	0.03	0.04	0.03	0.02	0.01
AI（%）	7.54	8.02	4.96	2.26	9.44	2.21

注：阴影部分表示各旗县中景观指数变化量的最大值。

在旗县尺度上，东胜区露天煤矿区的破碎化程度增加最为明显，1990~2015 年，东胜区露天煤矿区的斑块密度、边缘密度、斑块占景观面积比例、最大斑块指数、面积加权平均斑块分维数五个景观指数变化较明显。斑块密度增加了 0.04 个/公顷，边缘密度增加了 1.29 米/公顷，斑块占景观面积比例增加了 2.59%，最大斑块指数增加了 0.43%，面积加权平均斑块分维数增加了

0.04。准格尔旗的斑块平均大小和平均最邻近距离变化最大，斑块平均大小增加了 70.72 公顷，平均最邻近距离减小了 2531.92 米。伊金霍洛旗的景观形状指数增加最大，景观形状指数增加了 11.17。达拉特旗的斑块聚集度指数增加最大，斑块聚集度指数增加了 9.44%。

第三节　锡林郭勒露天煤矿区的时空格局

一、锡林郭勒露天煤矿区的空间分布

2015 年，锡林郭勒盟的露天煤矿区共计 504 个，总面积为 283.62 平方千米，占区域土地总面积的 0.14%（见图 3-6）。西乌珠穆沁旗的露天煤矿区面积最大，为 123.33 平方千米，占整个锡林郭勒盟露天煤矿区总面积的 43.49%。露天煤矿区面积在 50~100 平方千米的是锡林浩特市，它的露天煤矿区面积为 79.64 平方千米。露天煤矿区面积在 10~50 平方千米的是东乌珠穆沁旗、苏尼特左旗和阿巴嘎旗，它们的露天煤矿区面积分别为 42.25 平方千米、15.60 平方千米和 12.65 平方千米。其他 7 个旗县的露天煤矿区面积均不足 10 平方千米，7 个旗县的露天煤矿区的总面积为 10.15 平方千米。

二、锡林郭勒露天煤矿区的面积和数量变化

1990~2015 年，锡林郭勒盟露天煤矿区的面积和数量快速增加（见图 3-7）。露天煤矿区面积由 1990 年的 3.21 平方千米增加至 2015 年的 283.62 平方千米，增加了 87.36 倍（见图 3-7（b））。露天煤矿区的数量由 1990 年的 40 个增加到 2015 年的 504 个，增加了 11.60 倍，如图 3-7（c）所示。

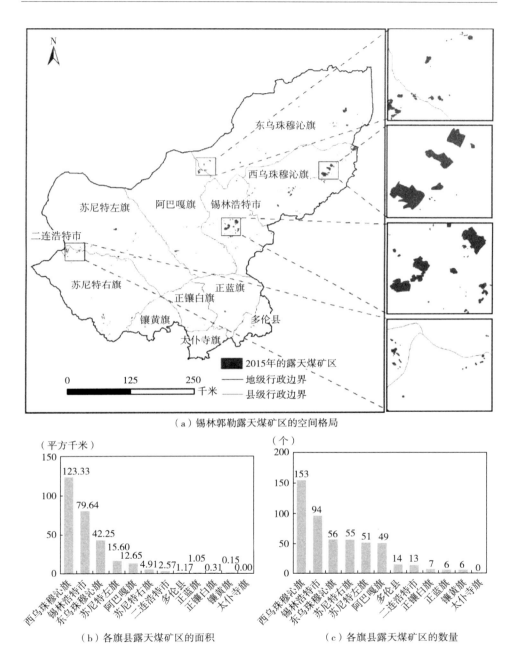

（a）锡林郭勒露天煤矿区的空间格局

（b）各旗县露天煤矿区的面积　　　　　　（c）各旗县露天煤矿区的数量

图 3－6　2015 年锡林郭勒盟露天煤矿区的分布情况

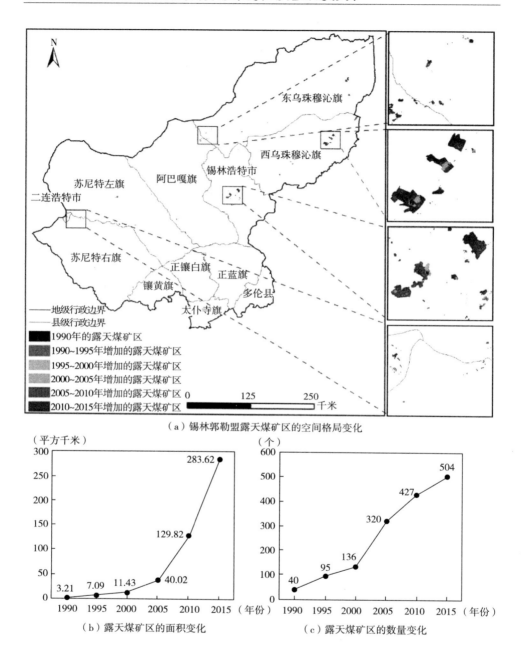

（a）锡林郭勒盟露天煤矿区的空间格局变化

（b）露天煤矿区的面积变化

（c）露天煤矿区的数量变化

图 3 - 7　1990 ~ 2015 年锡林郭勒盟露天煤矿区的变化

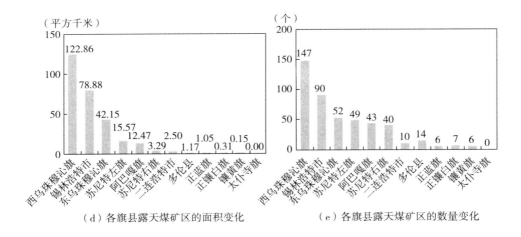

（d）各旗县露天煤矿区的面积变化　　　　（e）各旗县露天煤矿区的数量变化

图 3 - 7　1990 ~ 2015 年锡林郭勒盟露天煤矿区的变化（续）

在各个旗县中，西乌珠穆沁旗的露天煤矿区面积增加最快，1990 ~ 2015
年，露天煤矿区面积增加了 122.86 平方千米，占锡林郭勒盟露天煤矿区面积
增加量的 43.82%（见图 3 - 7（d））。露天煤矿区面积增加量在 50 ~ 100 平方
千米的是锡林浩特市，它的露天煤矿区面积增加了 78.88 平方千米，占锡林郭
勒盟露天煤矿区面积增加量的 28.13%。露天煤矿区面积增加量在 10 ~ 50 平方
千米的是东乌珠穆沁旗、苏尼特左旗和阿巴嘎旗，它们的露天煤矿区面积分别
增加了 42.15 平方千米、15.57 平方千米和 12.47 平方千米，分别占锡林郭勒
盟露天煤矿区面积增加量的 15.03%、5.55% 和 4.45%。其他 7 个旗县的露天
煤矿区面积增加量均不足 10 平方千米，7 个旗县露天煤矿区面积的增加总量
为 8.21 平方千米，仅占整个锡林郭勒盟露天煤矿区面积增加量的 2.93%。

三、锡林郭勒露天煤矿区景观格局变化

1990 ~ 2015 年，锡林郭勒盟露天煤矿区的景观破碎化程度快速加剧。从
景观格局指数的变化量来看（见图 3 - 8、表 3 - 5），1990 ~ 2015 年露天煤矿区

表3-4 1990~2015年锡林郭勒盟露天煤矿区的面积和数量变化

城市/旗县	露天煤矿区面积（平方千米）							露天煤矿区数量（个）						
	1990年	1995年	2000年	2005年	2010年	2015年	面积变化（平方千米）	1990年	1995年	2000年	2005年	2010年	2015年	数量变化（个）
锡林郭勒	3.21	7.09	11.43	40.02	129.82	283.62	280.41*	40	95	136	320	427	504	464*
东乌珠穆沁旗	0.47	1.32	2.77	18.71	48.36	123.33	122.86*	6	9	30	87	138	153	147*
阿巴嘎旗	0.75	1.97	3.14	9.21	41.76	79.64	78.88*	4	19	24	76	86	94	90*
西乌珠穆沁旗	0.10	0.41	1.31	3.68	19.57	42.25	42.15*	4	15	20	44	57	56	52*
苏尼特左旗	0.03	0.26	0.40	2.16	9.27	15.60	15.57*	2	8	8	18	40	51	49*
锡林浩特	0.18	0.65	0.72	1.26	6.30	12.65	12.47*	6	19	22	28	29	49	43*
二连浩特	1.62	2.24	2.78	2.43	2.58	4.91	3.29*	15	15	22	41	39	55	40*
苏尼特右旗	0.07	0.16	0.19	0.28	0.44	2.57	2.50*	3	5	4	6	7	13	10*
正蓝旗	0.00	0.02	0.02	1.74	0.98	1.17	1.15***	0	1	1	7	13	14	13**
正镶白旗	0.00	0.00	0.00	0.16	0.19	1.05	0.89***	0	0	0	4	5	6	2***
镶黄旗	0.00	0.05	0.07	0.36	0.31	0.31	0.25**	0	3	3	9	10	7	4**
多伦县	0.00	0.03	0.03	0.03	0.06	0.15	0.12*	0	1	1	1	3	6	5**
太仆寺旗	0.00	0.00	0.00	0.00	0.00	0.00	0.00	0	0	0	0	0	0	0

注：*表示1990~2015年的变化量；**表示1995~2015年的变化量；***表示2005~2015年的变化量。

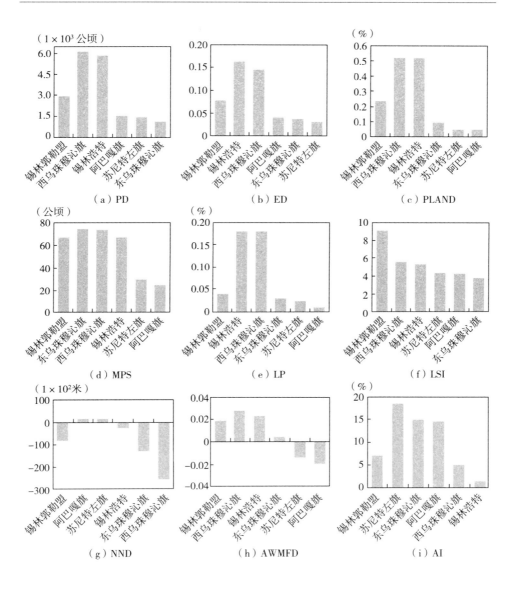

图 3 - 8 1990~2015 年锡林郭勒盟景观格局的变化

注：PD 表示斑块密度；ED 表示边缘密度；PLAND 表示斑块占景观面积比例；MPS 表示平均斑块大小；LPI 表示最大斑块指数；LSI 表示景观形状指数；NND 表示平均欧几里得邻近距离；AWMFD 表示面积加权平均分维数；AI 表示聚集度指数。下同。

的斑块密度增加了 0.003 个/公顷，边缘密度增加了 0.08 米/公顷，斑块占景观面积比例增加了 0.23%，斑块平均大小增加了 66.78 公顷，最大斑块指数增加了 0.04%，景观形状指数增加了 9.02，面积加权平均斑块分维数增加了 0.02，斑块聚集度指数增加了 6.94，而平均最邻近距离在减少，减少了 8215.88 米。

表 3 - 5　1990 ~ 2015 年锡林郭勒盟景观指数的变化

景观指数	锡林郭勒盟	阿巴嘎旗	东乌珠穆沁旗	苏尼特左旗	锡林浩特市	西乌珠穆沁旗
PD（个/公顷）	0.003	0.002	0.001	0.001	0.005	0.006
ED（米/公顷）	0.08	0.04	0.04	0.03	0.16	0.14
PLAND（%）	0.23	0.05	0.09	0.05	0.51	0.52
MPS（公顷）	66.78	23.42	74.25	28.63	66.72	72.85
LPI（%）	0.04	0.01	0.03	0.02	0.18	0.17
LSI	9.02	4.21	3.70	4.23	5.20	5.45
NND（米）	- 8215.88	1450.55	- 12762.98	1362.94	- 2244.28	- 25762.85
AWMFD	0.02	- 0.02	0.00	- 0.01	0.02	0.03
AI（%）	6.94	14.48	14.83	18.43	1.21	5.03

注：阴影部分表示各旗县中景观指数变化量的最大值。

在旗县尺度上，西乌珠穆沁旗露天煤矿区的破碎化程度增加最为明显，1990 ~ 2015 年，西乌珠穆沁旗露天煤矿区的斑块密度、斑块占景观面积比例、景观形状指数、面积加权平均斑块分维数和平均最邻近距离五个景观指数变化最大。斑块密度增加了 0.006 个/公顷，斑块占景观面积比例增加了 0.52%，景观形状指数增加了 5.45，面积加权平均斑块分维数增加了 0.03，平均最邻近距离减小了 25762.85 米。锡林浩特市的边缘密度和最大斑块指数增加最大，边缘密度增加了 0.16 米/公顷，最大斑块指数增加了 0.18%。东乌珠穆沁的斑块平均大小增加最大,斑块平均大小增加了74.25公顷,苏尼特左旗的斑块聚集度指数增加最大,斑块聚集度指数增加了18.43%。

第四节 鄂尔多斯和锡林郭勒露天煤矿区 时空格局的对比

1990~2015年,鄂尔多斯市露天煤矿区的面积和数量增长量均大于锡林郭勒盟(见图3-9)。鄂尔多斯的露天煤矿区面积和数量分别增加了350.28平方千米和586个,锡林郭勒的露天煤矿区面积和数量分别增加了280.41平方千米和464个。鄂尔多斯比锡林郭勒的露天煤矿区面积多增加了69.87平方千米,数量多增加了122个。

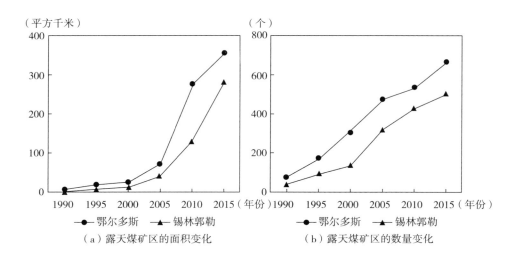

图3-9 鄂尔多斯和锡林郭勒露天煤矿区面积和数量的变化情况

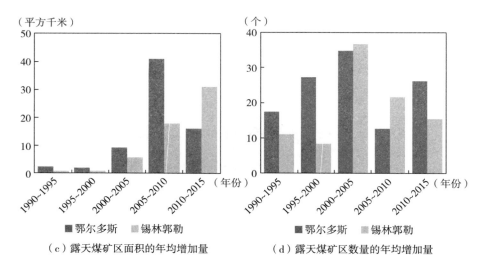

（c）露天煤矿区面积的年均增加量　　（d）露天煤矿区数量的年均增加量

图 3 - 9　鄂尔多斯和锡林郭勒露天煤矿区面积和数量的变化情况（续）

同期，鄂尔多斯市露天煤矿区破碎化程度明显大于锡林郭勒盟（见图 3 - 10）。鄂尔多斯市的斑块密度、边缘密度、斑块占景观面积比例、面积加权平均分维数、平均斑块大小和最大斑块指数的增加量均高于锡林郭勒盟。如鄂尔多斯市的边缘密度增加量为 0.22 个/公顷，锡林郭勒盟的边缘密度增加量为0.05 个/公顷，前者是后者的 4.14 倍。

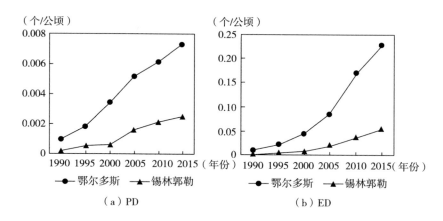

（a）PD　　　　　　　　　（b）ED

图 3 - 10　鄂尔多斯和锡林郭勒的露天煤矿区景观格局变化

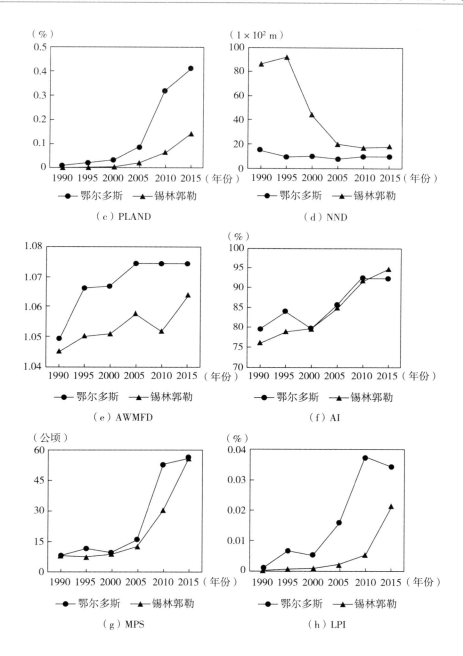

图 3 - 10 鄂尔多斯和锡林郭勒的露天煤矿区景观格局变化（续）

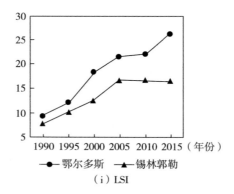

（i）LSI

图 3 - 10　鄂尔多斯和锡林郭勒的露天煤矿区景观格局变化（续）

为了进一步研究露天煤矿区的时空格局变化，探讨露天煤矿区的时空格局变化是否具有普遍的时空格局或发展规律。参考 O'Neill（1996）和 Wu（2011）的研究，本书从面积、破碎化程度和形状三方面考虑，选择了斑块占景观比例、聚集度指数和景观形状指数三个指数来描述露天煤矿区的时空轨迹变化（见图 3 - 11）。研究发现，在鄂尔多斯和锡林郭勒，上述三个指标可以很好地展示两个地区的露天煤矿区面积都在快速增加，景观趋于破碎化，形状更加复杂。露天煤矿区格局变化的一般规律不仅有助于理解露天煤矿开采过程对景观格局的影响，也可以用于指导露天煤矿开采的规划和管理。

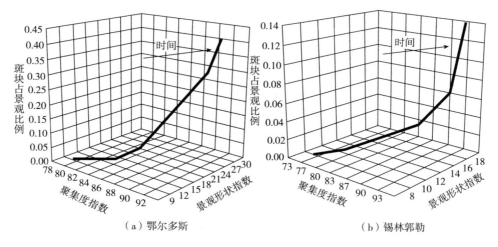

（a）鄂尔多斯　　　　　　　　　　　（b）锡林郭勒

图 3 - 11　鄂尔多斯和锡林郭勒露天煤矿景观格局变化的基本特征

第五节　小结

本章量化了1990～2015年鄂尔多斯和锡林郭勒露天煤矿区的时空格局。并在此基础上比较了鄂尔多斯和锡林郭勒露天煤矿区的时空格局变化，得到以下几点主要发现。

一、鄂尔多斯和锡林郭勒露天煤矿区具有明显的空间异质性

2015年鄂尔多斯地区的露天煤矿区面积为356.45平方千米，占区域土地总面积的0.41%，露天煤矿区的数量为665个。鄂尔多斯地区的露天煤矿区大部分集中在鄂尔多斯的东北部地区，准格尔旗的露天煤矿区面积最大，为160.30平方千米，占整个鄂尔多斯地区露天煤矿区总面积的45.00%。

2015年，锡林郭勒地区的露天煤矿区面积为283.62平方千米，占区域土地总面积的0.14%，露天煤矿区的数量为504个。露天煤矿区大部分集中在锡林郭勒的东北部地区，锡林郭勒南部的镶黄旗、正镶白旗、正蓝旗太仆寺旗和多伦县的分布着极少部分的露天煤矿区。东乌珠穆沁旗的露天煤矿区面积最大，为123.33平方千米，占整个锡林郭勒地区露天煤矿区总面积的43.49%。

二、1990～2015年，鄂尔多斯和锡林郭勒露天煤矿区面积和数量快速增加，景观破碎化程度加剧

1990～2015年，鄂尔多斯的露天煤矿区面积从6.17平方千米增加到356.45平方千米，增长了56.82倍，露天煤矿区的数量由1990年的79个增加到2015年的665个，增加了7.42倍。准格尔旗的露天煤矿区面积增加最快，

1990～2015 年，露天煤矿区面积增加了 159.03 平方千米，占整个鄂尔多斯地区露天煤矿区面积增加量的 45.40%。

东胜区露天煤矿区的破碎化程度增加最为明显，1990～2015 年，东胜区露天煤矿区的斑块密度、边缘密度、斑块占景观面积比例、最大斑块指数、面积加权平均斑块分维数五个景观指数变化最大。锡林郭勒地区的露天煤矿区面积由 1990 年的 3.21 平方千米增加至 2015 年的 283.62 平方千米，增加了 87.23 倍，露天煤矿区的数量由 1990 年的 40 个增加到 2015 年的 504 个，增加了 11.60 倍。

西乌珠穆沁旗的露天煤矿区面积增加最快，1990～2015 年，露天煤矿区面积增加了 122.86 平方千米，占锡林郭勒地区露天煤矿区面积增加量的 43.82%。西乌珠穆沁旗露天煤矿区的破碎化程度增加最为明显，1990～2015 年，西乌珠穆沁旗露天煤矿区的斑块密度、斑块占景观面积比例、景观形状指数、面积加权平均斑块分维数和平均最邻近距离五个景观指数变化最大。

三、鄂尔多斯和锡林郭勒的露天煤矿区时空格局变化既有相似的特征又具有差异

从露天煤矿区的面积和数量变化情况来看，1990～2015 年，鄂尔多斯和锡林郭勒露天煤矿区的面积和数量都经历了快速增长的过程，两个地区的变化趋势基本一致，但是，鄂尔多斯市露天煤矿的面积和数量增长量均大于锡林郭勒。

从景观格局指数变化情况来看，两个地区的露天煤矿区的时空格局非常相似。鄂尔多斯和锡林郭勒露天煤矿开采导致的景观破碎化程度均在增加，鄂尔多斯市的景观破碎化程度要大于锡林郭勒盟。

研究还发现，选择斑块占景观比例、聚集度指数和景观形状指数三个指数来描述露天煤矿区的时空轨迹变化，可以很好地展示两个地区露天煤矿区面积增加、破碎化加剧和形状趋于复杂的基本规律。

第四章　鄂尔多斯和锡林郭勒露天煤矿开采对环境的影响

　　本章将结合遥感和 GIS 空间分析方法，综合评价鄂尔多斯和锡林郭勒露天煤矿开采对环境的影响。首先，基于煤炭产量数据和河流空间数据，分析了煤炭开采耗水、煤炭开采对地下水的破坏以及煤炭开采对河流的影响。其次，结合陆地生态系统空间分布数据，采用空间分析的方法，评估了露天煤矿开采对生态系统的占用情况。最后，基于遥感技术，进一步分析了露天煤矿开采对植被净初级生产力的影响。

　　揭示露天煤矿开采对区域生态环境的影响对提高区域人类福祉和实现区域可持续发展具有重要意义。目前，已经有学者在鄂尔多斯和锡林郭勒开展了露天煤矿开采对生态环境影响的评价研究。然而，现有研究只揭示了大型露天煤矿区煤炭开采对单一环境要素的影响，缺乏整个鄂尔多斯和锡林郭勒露天煤矿开采对水土气生等多种环境要素影响的综合评估以及该影响在不同区域间的对比分析。

　　本章的目的是评价鄂尔多斯和锡林郭勒 1990～2015 年露天煤矿开采对环境的影响。为此，首先以露天煤炭开采的耗水量、露天煤炭开采导致的地下水破坏量、露天煤矿区对河流的影响、露天煤炭开采占用陆地生态系统的面积和露天煤炭开采导致植被净初级生产力的损失量为指标，评估了鄂尔多斯和锡林郭勒露天煤矿开采对环境的影响，然后比较了两个地区露天煤矿开采对环境影响的差异。

第一节　方法

一、数据

本书使用的数据主要包括原煤产量数据、河流空间分布数据、土地利用/覆盖数据、植被净初级生产力数据、Lansat－8 OLI 数据以及基础地理信息数据 6 类。

原煤产量数据来源于《内蒙古统计年鉴》（内蒙古统计局，1991，1996，2001，2006，2011，2016），包括鄂尔多斯和锡林郭勒 1990 年、1995 年、2000 年、2005 年、2010 年和 2015 年的原煤产量数据。河流空间分布数据来源于中国基础地理信息中心（http：//www. ngcc. cn/）。1990 年的中国陆地生态系统类型空间分布数据集（ChinaEco100 – Spatiotemporal Distribution Dataset of Ecosystem Types in China）来源于中国科学院资源环境科学数据中心（http：//www. resdc. cn）。该数据包括农田生态系统、森林生态系统、草地生态系统、水体与湿地生态系统、荒漠生态系统和其他生态系统的空间分布信息，空间分辨率为 100 米（徐新良等，2017）。2015 年的植被净初级生产力数据（Net Primary Productivity，NPP）（数据来源于 MODIS 产品（MOD17A3）），该数据由 USGS 网站（https：//www. usgs. gov/）提供，其空间分辨率为 1 千米。该数据是利用改进的光能利用率模型 BIOME – BGC 模型计算得到全球陆地植被 NPP 数据，目前已被广泛应用于全球不同区域的植被生长状况与生物量监测。同时本书还使用了由中国国家测绘中心发布的中国 1：100 万的行政边界数据和高程数据（http：//ngcc. sbsm. gov. cn/）。

二、评价露天煤矿开采对环境的影响

（一）水资源的消耗量和破坏量

参考宋献方等（2012）的研究，基于区域煤矿产量和单位煤矿产量导致的水资源消耗量与破坏量，量化了区域露天煤矿开采对水资源的影响。根据内蒙古自治区煤炭开采额定用水标准（金传良等，2009），每开采 1 吨煤需使用 0.9 立方米的水资源，每洗 1 吨煤需消耗 2.5 立方米的水资源。同时，每开采 1 吨煤要破坏 2.54 立方米的地下水资源。基于此，计算了露天煤矿开采消耗的水资源量和对地下水的破坏量，计算公式如下，

$$W_1 = P_1 \times 0.9 + P_2 \times 2.5 \qquad\qquad (4-1)$$

$$W_2 = P_1 \times 2.54 \qquad\qquad (4-2)$$

式中，W_1 和 W_2 分别表示煤炭开采直接消耗的水资源量和间接破坏的地下水量，单位为立方米。P_1 和 P_2 分别表示原煤产量和洗煤产量，单位为吨。因研究区范围内的洗煤产量数据不全，故在计算煤炭开采消耗的水资源量时，用原煤产量代替洗煤量，即 W_1 计算出来的煤炭开采消耗的水资源量为潜在最大消耗量。

（二）露天煤矿开采对河流的影响

根据露天煤矿区与河流的空间分布关系，采用缓冲区分析的方法，通过计算露天煤矿区占河流缓冲区的面积，分析露天煤矿开采对河流的影响。根据《煤炭采选工程环境影响评价规范》（周夏飞等，2016），矿产开采对周边的影响范围为 1～2 千米。基于此，统计了距河流缓 2 千米以内的露天煤矿区面积。面积越大，说明河流受到露天煤矿开采活动的影响越大。

（三）露天煤矿开采对生态系统空间格局的影响

本章采用露天煤矿区占各类陆地生态系统的面积来量化露天煤矿开采对生态系统空间格局的影响。具体地，利用 1990 年中国陆地生态系统空间分布数

据，获得研究区内各种生态系统类型的空间分别范围，然后利用1990～2015年增加的露天煤矿区的数据，在 ArcGIS 分析模块支持下，统计露天煤矿区占用的各生态系统类型的面积。该面积越大，表示露天煤矿开采对该生态系统类型的影响越大。

（四）露天煤矿开采对 NPP 的影响

参考成方妍等（2017）和周夏飞等（2016）的研究，结合空间降尺度和时空替代法计算研究区范围内露天煤矿开采造成的 NPP 损失量。具体地，根据 Landsat－8 OLI 影像，得到2015年研究区范围内分辨率为30米的 ND-VI，计算公式参考第二章式（2－2）。进而通过计算平均值将30米的2015年 NDVI 数据重采样至1千米，对1千米的 NDVI 数据和 MODIS NPP 数据构建线性关系，拟合得到的鄂尔多斯和锡林郭勒两个地区 NDVI 与 NPP 的线性关系（见图4－1）。基于该关系对 NPP 数据进行空间降尺度，计算过程如下：

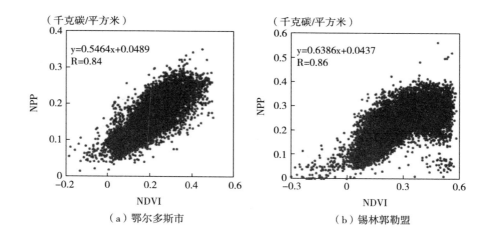

图4－1　NDVI 与 NPP 之间的线性关系

$$y_1 = 0.5464x_1 + 0.0489 \qquad\qquad (4-3)$$

$$y_2 = 0.6386x_2 + 0.0437 \qquad\qquad (4-4)$$

式中，y_1 和 y_2 分别表示鄂尔多斯和锡林郭勒降尺度后 30 米的 NPP，x_1 和 x_2 分别表示鄂尔多斯和锡林郭勒 30 米的 NDVI。

最后，采用时空替代法，计算 1990～2015 年露天煤矿开采导致 NPP 的损失量，计算公式如下，

$$NPP_L = \sum_i NPP_i (SCMAs_i^{2015} - SCMAs_i^{1990}) \qquad\qquad (4-5)$$

式中，NPP_L 表示 1990～2015 年因露天煤矿开采损失的 NPP，单位为克碳。NPP_i 表示第 i 个像元的 NPP 值，当第 i 个像元 2015 年为非露天煤矿区时，该值等于 2015 年 NPP 值；当第 i 个像元 2015 年为露天煤矿区时，该值等于周围 1 千米范围内非露天煤矿区的平均值。$SCMAs_i^{1990}$ 表示 1990 年第 i 个像元是否为露天煤矿区，$SCMAs_i^{2015}$ 表示 2015 年第 i 个像元是否为露天煤矿区，1 为露天煤矿区，0 为非露天煤矿区。

第二节　鄂尔多斯露天煤矿开采对环境的影响

一、鄂尔多斯露天煤矿开采对水资源的影响

1990～2015 年鄂尔多斯市露天煤矿开采直接消耗了大量的水资源。1990～2015 年，鄂尔多斯市因露天煤矿开采消耗的水资源量从 1990 年的 0.21 亿立方米增加到 2015 年的 20.98 亿立方米，增加了约 100 倍（见图 4-2（a））。其中，1990～2000 年因露天煤矿开采消耗的水资源量呈缓慢增长趋势，

在此期间，煤炭开采消耗的水资源量仅增加了 0.70 亿立方米；相比之下，
2000 ~ 2015 年，煤炭开采消耗的水资源量迅速增加，在此期间，煤炭开采消
耗的水资源量由 0.91 亿立方米增加到 20.98 亿立方米，增加了 20.06 亿立方
米，煤炭开采消耗的水资源量占区域水资源总量的比例也由 2000 年的 4.83%
增加到 2015 年的 115.63%，如图 4 - 2 （c） 所示。

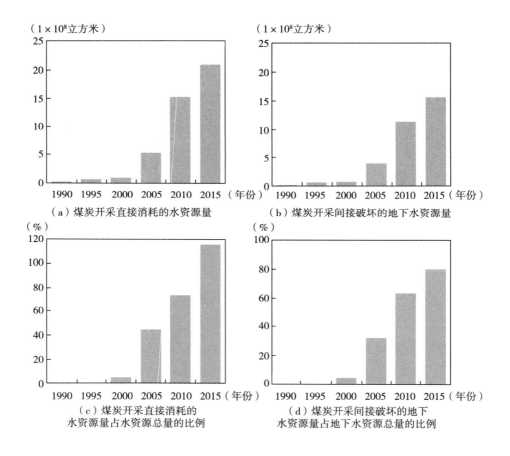

图 4 - 2 鄂尔多斯露天煤矿开采消耗的水资源量

露天煤矿开采不仅通过采煤和洗煤等过程直接消耗了大量的水资源，同

时也间接破坏了大量的地下水资源。1990～2015 年，鄂尔多斯市因煤炭开采破坏的地下水资源量由 1990 年的 0.16 亿立方米增加到 2015 年的 15.67 亿立方米，增加了约 100 倍（见图 4 - 2（b））。煤炭开采间接破坏地下水资源量占地下水资源总量的比例由 2000 年的 4.14% 增加到 2015 年的 78.87%（见图 4 - 2（d））。

二、鄂尔多斯露天煤矿开采对河流的影响

1990～2015 年，鄂尔多斯市露天煤矿开采对该地区的河流造成了严重的影响。在此期间，河流缓冲区 2 千米范围内的露天煤矿区面积由 1990 年的 1.20 平方千米增加到 2015 年的 71.91 平方千米，增加了约 60 倍（见图 4 - 3（a））。在鄂尔多斯市东部的 6 条主要河流中，五兔尔沟缓冲区 2 千米范围内的露天煤矿区面积增加最多，由 1990 年的 1.10 平方千米增加到 2015 年的 38.12 平方千米（见表 4 - 1、图 4 - 4），增加了 37.02 平方千米。其次是黑岱沟，河流缓冲区 2 千米范围内的露天煤矿区面积增加了 16.21 平方千米。在乌兰木伦河、清水川、沙梁川和塔哈拉川 4 条河流中，河流缓冲区 2 千米范围内的露天煤矿区面积变化量分别为 4.47 平方千米、3.80 平方千米、2.55 平方千米和 0.28 平方千米。

三、鄂尔多斯露天煤矿开采对生态系统空间格局的影响

1990～2015 年鄂尔多斯市露天煤矿开采侵占了大量的生态系统，主要以侵占草地和农田为主。露天煤矿开采导致草地损失 255.55 平方千米，占露天煤矿区增加总面积的 72.49%，导致农田损失 43.21 平方千米，占露天煤矿区增加总面积的 12.26%（见图 4 - 5）。同时，导致森林、荒漠、湿地和其他土地生态系统损失面积分别为 19.04 平方千米、15.87 平方千米、5.79 平方千米

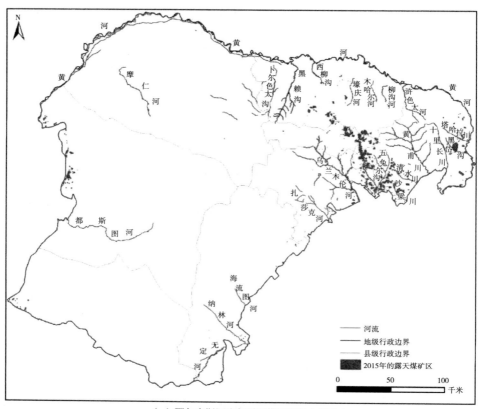

（a）鄂尔多斯河流与露天煤矿区的空间分布

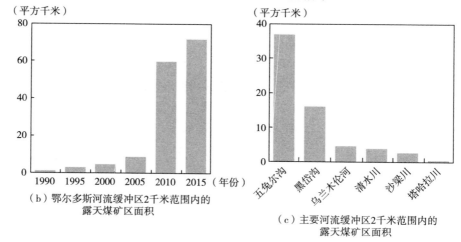

（b）鄂尔多斯河流缓冲区2千米范围内的
露天煤矿区面积

（c）主要河流缓冲区2千米范围内的
露天煤矿区面积

图4-3 鄂尔多斯露天煤矿开采对河流的影响

和 13.08 平方千米，分别占该时期露天煤矿区增加总面积的 5.40%、4.50%、1.64% 和 3.71%。

表 4-1 鄂尔多斯河流缓冲区 2 千米内的露天煤矿区面积

单位：平方千米

主要河流	1990 年	1995 年	2000 年	2005 年	2010 年	2015 年	面积变化
五兔尔沟	1.10	1.04	0.66	2.09	29.65	38.12	37.02 *
黑岱沟	0.09	0.04	0.81	0.25	17.95	16.21	16.12 *
乌兰木伦河	0.00	0.00	0.47	0.50	2.05	4.47	4.47 ***
清水川	0.00	0.05	0.08	0.10	3.52	3.80	3.80 **
沙梁川	0.00	0.00	0.28	1.60	1.78	2.55	2.55 ***
塔哈拉川	0.00	0.49	0.82	0.87	0.70	0.28	0.28 **
总计	1.20	2.78	4.75	8.63	59.73	71.91	59.80 *

注：* 表示 1990～2015 年的变化量；** 表示 1995～2015 年的变化量；*** 表示 2000～2015 年的变化量。

四、鄂尔多斯露天煤矿开采对 NPP 的影响

1990～2015 年，鄂尔多斯市露天煤矿开采导致的植被 NPP 总损失量为 9.97×10^{10} 克碳。其中草地生态系统 NPP 的损失量最高，达 7.77×10^{10} 克碳，占 NPP 总损失量的 77.92%（见图 4-6）。湿地生态系统的损失量最小，为 0.12×10^{10} 克碳，占 NPP 总损失量的 1.23%。农田、森林、湿地、荒漠和其他生态系统 NPP 的损失量分别为 0.94×10^{10} 克碳、0.57×10^{10} 克碳、0.12×10^{10} 克碳、0.30×10^{10} 克碳和 0.27×10^{10} 克碳。

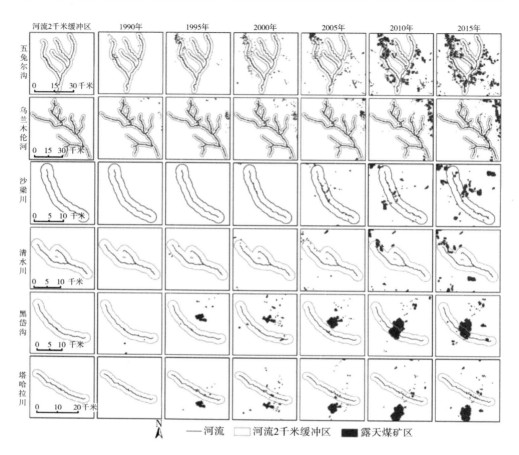

图4-4 露天煤矿开采对鄂尔多斯主要河流的影响

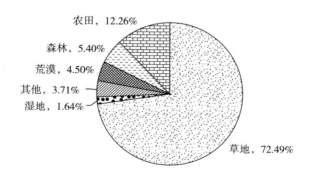

图4-5 鄂尔多斯露天煤矿开采侵占的土地类型及面积占比

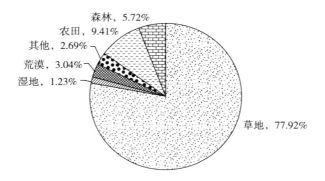

图 4 - 6　鄂尔多斯露天煤矿开采导致的 NPP 损失

第三节　锡林郭勒露天煤矿开采对环境的影响

一、锡林郭勒露天煤矿开采对水资源的影响

1990～2015 年，锡林郭勒盟露天煤矿开采直接消耗了大量的水资源。1990～2015 年，锡林郭勒盟露天煤矿开采消耗的水资源量从 1990 年的 0. 03 亿立方米增加到 2015 年的 2. 84 亿立方米，增加了约 103 倍（见图 4 - 7（a））。其中，1990～2000 年因露天煤矿开采消耗的水资源量呈缓慢增长趋势，在此期间，煤炭开采消耗的水资源量仅增加了 0. 01 亿立方米；相比之下，2000～2015 年，煤炭开采消耗的水资源量迅速增加，在此期间，煤炭开采消耗的水资源量由 0. 04 亿立方米增加到 2. 84 亿立方米，增加了 2. 80 亿立方米，煤炭开采消耗的水资源量占区域水资源总量的比例也由 2000 年的 0. 17%增加到 2015 年的 10. 21% 。

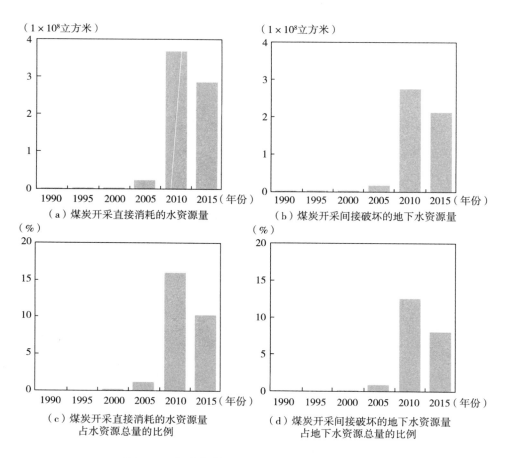

（a）煤炭开采直接消耗的水资源量

（b）煤炭开采间接破坏的地下水资源量

（c）煤炭开采直接消耗的水资源量
占水资源总量的比例

（d）煤炭开采间接破坏的地下水资源量
占地下水资源总量的比例

图 4 - 7　锡林郭勒露天煤矿开采消耗的水资源量

　　露天煤矿开采不仅通过采煤和洗煤等过程直接消耗了大量的水资源，同时也间接破坏了大量的地下水资源。1990~2015 年，锡林郭勒盟煤炭开采破坏的地下水资源量由 1990 年的 0.02 亿立方米增加到 2015 年的 2.12 亿立方米，增加了约 103 倍（见图 4 - 7（b））。煤炭开采间接破坏地下水资源量占地下水资源总量的比例由 2000 年的 0.10% 增加到 2015 年的 8.04%。

二、锡林郭勒露天煤矿开采对河流的影响

　　1990~2015 年，锡林郭勒盟露天煤矿开采对该地区的河流造成了严重的影响。在此期间，河流缓冲区 2 千米范围内的露天煤矿区面积由 1990 年的 0.70 平方千米增加到 2015 年的 37.12 平方千米，增加了约 50 倍（见图 4 - 8（a））。在锡林郭勒盟的 6 条主要河流中，彦吉嘎河缓冲区 2km 范围内的露天煤矿区面积增加最多，由 2005 年的 0.95 平方千米增加到 2015 年的 16.98 平方千米，增加了 16.03 平方千米。其次是色也钦勒河，河流缓冲区 2 千米范围内的露天煤矿区面积增加了 10.90 平方千米。在锡林河、高日罕河、乌拉盖河和巴拉嘎日河 4 条河流中，河流缓冲区 2 千米范围内的露天煤矿区面积变化量分别为 4.09 平方千米、3.27 平方千米、1.74 平方千米和 0.15 平方千米（见图 4 - 8（c）、表 4 - 2）。

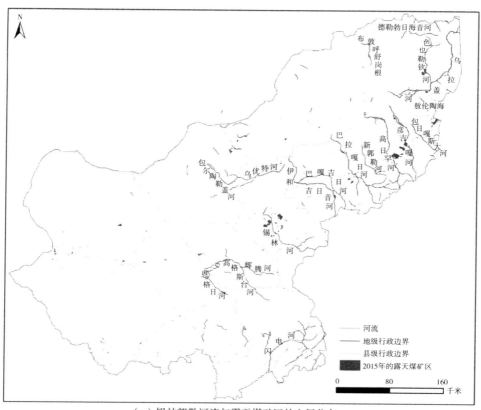

（a）锡林郭勒河流与露天煤矿区的空间分布

图 4 - 8 锡林郭勒露天煤矿开采对河流的影响

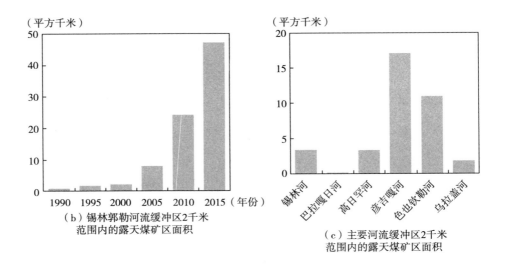

（b）锡林郭勒河流缓冲区2千米
范围内的露天煤矿区面积

（c）主要河流缓冲区2千米
范围内的露天煤矿区面积

图4-8　锡林郭勒露天煤矿开采对河流的影响（续）

表4-2　锡林郭勒河流缓冲区2千米内的露天煤矿区面积

单位：平方千米

主要河流	1990 年	1995 年	2000 年	2005 年	2010 年	2015 年	面积变化
彦吉嘎河	0.00	0.00	0.00	0.95	5.46	16.98	16.03 ****
色也钦勒河	0.00	0.00	0.04	0.39	6.63	10.90	10.86 ***
锡林河	0.70	1.41	1.77	4.50	4.15	4.09	3.39 *
高日罕河	0.00	0.00	0.00	0.48	1.97	3.27	2.79 ****
乌拉盖河	0.00	0.03	0.27	0.03	1.55	1.74	1.71 **
巴拉嘎日河	0.00	0.00	0.00	0.26	0.24	0.15	-0.11 ****
总计	0.70	1.44	2.08	6.62	19.99	37.12	36.43 *

注：*表示1990~2015年的变化量；**表示1995~2015年的变化量；***表示2000~2015年的变化量；****表示2005~2015年的变化量。

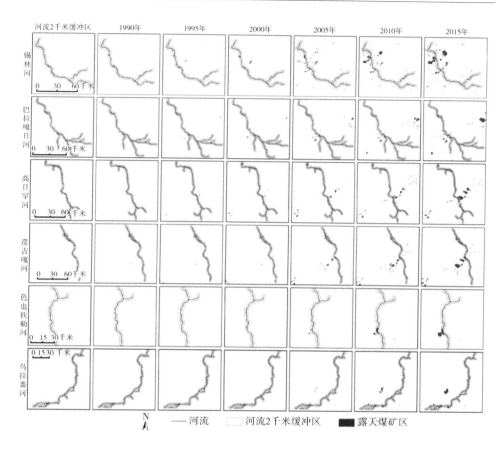

图4-9　露天煤矿开采对锡林郭勒主要河流的影响

三、锡林郭勒露天煤矿开采对生态系统空间格局的影响

1990～2015年，锡林郭勒盟露天煤矿开采侵占了大量的生态系统，主要以侵占草地和湿地为主。1990～2015年，露天煤矿开采导致草地损失222.07平方千米，占露天煤矿区增加总面积的78.64%，导致湿地损失25.13平方千米，占露天煤矿区增加总面积的8.90%。同时导致荒漠、农田、森林和其他土地生态系统损失面积分别为24.78平方千米、0.91平方千米、1.46平方千米和8.05平方千米，分别占该时期露天煤矿区增加总面积的8.77%、0.32%、

0.52%和2.85%，如图4-10所示。

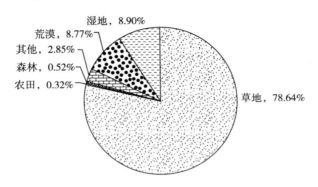

图4-10　锡林郭勒露天煤矿开采侵占的土地类型及面积占比

四、锡林郭勒露天煤矿开采对 NPP 的影响

2015年，锡林郭勒盟露天煤矿开采导致的植被 NPP 总损失量为 8.49×10^{10} 克碳。其中草地生态系统 NPP 的损失量最高，达 7.17×10^{10} 克碳，占 NPP 总损失量的 84.43%（见图4-11）。农田生态系统的损失量最小，为 0.02×10^{10} 克碳，占 NPP 总损失量的 0.25%。湿地、荒漠、森林和其他生态系统 NPP 的损失量分别为 0.54×10^{10} 克碳、0.53×10^{10} 克碳、0.05×10^{10} 克碳和 0.18×10^{10} 克碳。

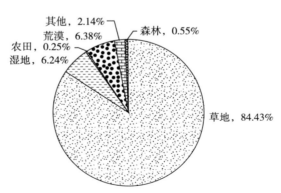

图4-11　锡林郭勒露天煤矿开采导致的 NPP 损失

第四节　鄂尔多斯和锡林郭勒露天煤矿
开采对环境影响的对比

鄂尔多斯露天煤矿开采对水资源的直接消耗量和间接破坏量均明显大于锡林郭勒盟（见图4－12）。2015年，鄂尔多斯市直接消耗的水资源量和间接破坏水资源量是锡林郭勒盟直接消耗水资源量的7.37倍。此外，鄂尔多斯市露天煤矿开采面积共计356.45平方千米，其耗水量为20.98亿立方米，单位面积耗水量为5.88立方米；相比之下，锡林郭勒盟露天煤矿开采面积共计283.71平方千米，其耗水量为2.84亿立方米，单位面积耗水量仅为0.89立方米/平方米。从单位面积耗水量可以看出，鄂尔多斯市的煤炭开采属于高强度的集中开采，单位面积耗水量大。而锡林郭勒盟的开采则属于"遍地开花"式开采，虽然强度不如鄂尔多斯市，但是分布范围更广。

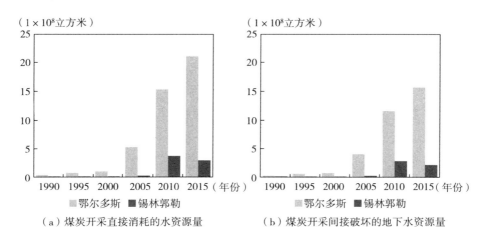

图4－12　鄂尔多斯和锡林郭勒露天煤矿开采对水资源影响的对比

鄂尔多斯市露天煤矿开采对河流的影响明显大于锡林郭勒盟。2015 年，鄂尔多斯市河流缓冲区 2 千米范围内的露天煤矿区面积是 71.91 平方千米，锡林郭勒盟河流缓冲区 2 千米范围内的露天煤矿区面积是 37.12 平方千米，前者约是后者的两倍。鄂尔多斯市的 6 条主要河流中，五兔尔沟河流缓冲区 2 千米范围内的露天煤矿区面积增加最大，为 37.02 平方千米，锡林郭勒盟的 6 条主要河流中，彦吉嘎河缓冲区 2 千米范围内的露天煤矿区面积增加最多，为 16.03 平方千米。

　　从露天煤矿开采对生态系统空间格局的影响来看，鄂尔多斯和锡林郭勒露天煤矿开采均是以占用草地生态系统为主（见图 4 – 13）。1990 ~ 2015 年，鄂尔多斯露天煤矿开采导致草地损失 255.55 平方千米，占露天煤矿区增加总面积的 72.49%；锡林郭勒露天煤矿开采侵占草地生态系统面积为 222.07 平方千米，占露天煤炭开采侵占生态系统总面积的 78.64%。

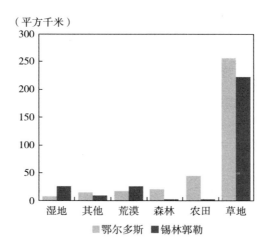

图 4 – 13　鄂尔多斯和锡林郭勒露天煤矿开采占用不同生态系统类型面积的对比

　　鄂尔多斯和锡林郭勒露天煤矿开采对 NPP 的影响趋势与生态系统空间格

局的影响趋势基本一致，鄂尔多斯市露天煤矿开采导致的植被 NPP 总损失量要大于锡林郭勒盟。1990～2015 年，鄂尔多斯市露天煤矿开采导致的植被 NPP 总损失量为 9.97×10^{10} 克碳，锡林郭勒盟露天煤矿开采导致的植被 NPP 总损失量为 8.49×10^{10} 克碳，前者比后者多损失的植被 NPP 为 0.48×10^{10} 克碳。

第五节　小结

本章评估了鄂尔多斯和锡林郭勒露天煤矿开采对水资源、河流、陆地生态系统的空间格局和 NPP 的影响。主要有如下几点发现。

一、1990～2015 年鄂尔多斯和锡林郭勒露天煤矿开采消耗了大量的水资源，对地下水和河流造成了严重的影响

鄂尔多斯和锡林郭勒露天煤矿开采消耗的水资源量分别增加了 20.77 亿立方米和 2.84 亿立方米，对地下水的破坏量分别增加了 15.67 亿立方米和 2.12 亿立方米。两个地区河流缓冲区 2 千米范围内的露天煤矿区面积分别增加了 70.71 平方千米和 36.42 平方千米。

二、鄂尔多斯和锡林郭勒露天煤矿开采侵占了大面积的草地，并导致大量 NPP 的损失量

鄂尔多斯和锡林郭勒都是以占用草地为主，分别占用了 255.55 平方千米和 222.07 平方千米。鄂尔多斯和锡林郭勒露天煤矿开采导致 NPP 的损失量分别为 9.97×10^{10} 克碳和 8.49×10^{10} 克碳。

三、鄂尔多斯和锡林郭勒的露天煤矿开采对环境的影响既有相似的特征又
具有差异

鄂尔多斯和锡林郭勒露天煤矿开采直接消耗的水资源量和间接破坏的地下
水资源量在 1990 ~ 2015 年均呈现快速增加的趋势。同时，鄂尔多斯和锡林郭
勒露天煤矿开采均是以占用草地生态系统为主。但是，鄂尔多斯露天煤矿开采
对各项环境要素的影响均明显大于锡林郭勒。

第五章　鄂尔多斯和锡林郭勒露天煤矿开采对社会经济的影响

　　本章基于社会经济统计数据和相关分析方法，开展了鄂尔多斯和锡林郭勒露天煤矿开采对社会经济的影响研究。首先，基于统计年鉴数据，选择了相关的社会经济指标，量化了鄂尔多斯和锡林郭勒社会经济的时空变化。其次，结合露天煤矿区数据，分析了露天煤矿区面积和社会经济指标之间的关系，并选择露天煤矿区面积最大和最小的旗县的社会经济指标作对比分析，定性地分析露天煤矿开采对区域社会经济的影响。最后，比较了鄂尔多斯和锡林郭勒露天煤矿开采对社会经济的影响的异同。

　　揭示鄂尔多斯和锡林郭勒露天煤矿开采对区域社会经济的影响是理解露天煤矿开采对人类福祉和区域可持续性影响的重要基础。目前，已有学者对鄂尔多斯和锡林郭勒露天煤矿开采对社会经济的影响进行了研究。然而，现有研究大多只揭示了露天煤矿开采对某一社会经济要素的影响，缺乏关于露天煤矿开采对区域社会经济影响的综合性研究。

　　本章的目的是揭示 1990~2015 年鄂尔多斯和锡林郭勒露天煤矿开采对区域社会经济的影响。为此，首先量化了鄂尔多斯和锡林郭勒的社会经济时空格局。其次采用相关分析和对比分析方法，分析了露天煤矿区面积和社会经济指标之间的关系，通过对比露天煤矿区面积最大和最小的旗县的社会经济指标变化，定性探讨了露天煤矿开采对社会经济的影响。

第一节　方法

一、数据

本章使用的社会经济统计数据来源于历年《内蒙古自治区统计年鉴》《鄂尔多斯市统计年鉴》和《锡林郭勒盟统计年鉴》，主要选择的社会经济指标包括总人口、乡村人口、城镇人口、城镇化率、国内生产总值（GDP）、第一产业 GDP、第二产业 GDP、第三产业 GDP、农牧民人均纯收入、城镇居民人均可支配收入、城乡居民储蓄存款余额、城乡居民收入比、地方财政收入和全社会固定资产投资总额和人类发展指数。

二、社会经济指标的计算

城乡收入比是衡量城乡收入差距的一个重要指标。城乡居民收入比的计算公式如下：

$$I_r = I_1/I_2 \tag{5-1}$$

式中，I_r 表示城乡居民收入比，I_1 表示城镇居民人均可支配收入，单位为元，I_2 表示农牧民年均纯收入，单位为元。

人类发展指数（Human Development Index，HDI）是由联合国发展计划署提出的用于度量区域在健康、教育和物质生活水平三个方面表现的指数（United Nations Development Program，2013）。计算公式如下：

$$HDI = \sqrt[3]{(LEI) + (LE) + (II)} \tag{5-2}$$

式中，*LEI* 为基于预期寿命数据计算的健康指标，*LE* 为基于受教育年限数据计算的教育指标，*II* 为基于 GDP 和收入数据计算的物质生活水平指标。HDI 值越大，表示区域的社会经济发展水平越高。

三、评价露天煤矿开采对社会经济的影响

首先，从人口、经济、收入以及其他社会经济指标 4 个方面选取了总人口、城镇人口、GDP、第二产业 GDP、农民人均纯收入以及城乡居民收入比等 15 个具体指标，利用相关分析法揭示了鄂尔多斯和锡林郭勒 1990～2015 年露天煤矿开采与社会经济发展之间的关系。

其次，采用对比法分别分析了鄂尔多斯和锡林郭勒露天煤矿区面积最大和最小的两个旗县的社会经济变化，进一步定性地分析了露天煤矿开采对区域社会经济的影响。

最后，结合鄂尔多斯和锡林郭勒两个地区露天煤矿区面积与社会经济因子之间的相关系数与显著性水平，比较了两个地区露天煤矿开采对社会经济的影响。

第二节　鄂尔多斯露天煤矿开采的社会经济影响

一、鄂尔多斯社会经济状况

鄂尔多斯市人口主要分布在东北部（见图 5 - 1）。2015 年，区域总人口为 204.51 万人。准格尔旗人口最多，为 37.16 万人，占全市总人口的 18.17%。鄂尔多斯市以城镇人口为主。鄂尔多斯市城镇人口为 149.55 万人，城镇化率

达到了 73.13%。东胜区的城镇化率最高。该区总人口为 28.08 万人，城镇人口为 25.22 万人，城镇化率为 89.81%。

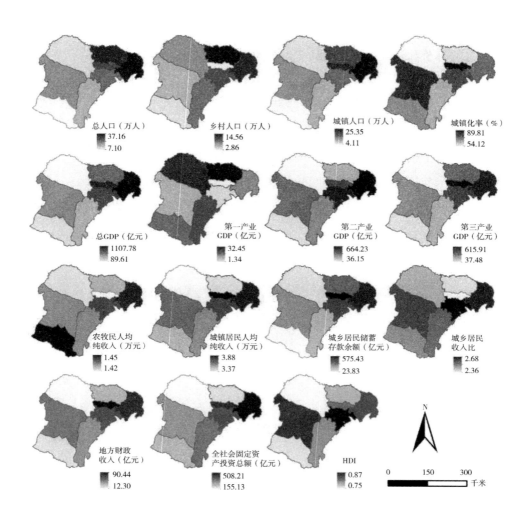

图 5-1　2015 年鄂尔多斯市主要社会经济状况

鄂尔多斯市经济主要以第二产业与第三产业为支撑。2015 年该市 GDP 总量为 4226.13 亿元，第二产业 GDP 达到 2400.01 亿元，占 GDP 总量的

56.79%，第三产业GDP达到1727.15亿元，占GDP总量的40.87%。第二、第三产业GDP最高的区域分别为准格尔旗与东胜区。准格尔旗第二产业GDP为664.23亿元，占全区第二产业GDP的27.68%。东胜区第三产业GDP为615.91亿元，占全区第三产业GDP的35.66%。

鄂尔多斯市居民收入在城乡间与区域间均存在较大差异。2015年该区城镇居民人均收入为3.74万元，农牧民人均收入为1.44万元，前者是后者的2.60倍。东胜区的城镇居民收入最高，为3.88万元，杭锦旗的城镇居民收入最低，为3.37万元，前者是后者的1.15倍。鄂托克前旗的农牧民收入最高，为1.45万元，杭锦旗农牧民收入最低，为1.43万元，前者是后者的1.02倍。

地方财政、全社会固定资产投资与HDI等其他社会经济指标均呈现出区域差异。东胜区地方财政收入最高，达到90.44亿元，杭锦旗地方财政收入最低，为12.30亿元，前者是后者的7.35倍。准格尔旗的社会固定资产投资最高，达到508.21亿元，杭锦旗的社会固定资产投资最低，为155.13亿元，前者是后者的3.28倍。伊金霍洛旗HDI最大，达到0.87，杭锦旗HDI最小，为0.75，前者是后者的1.16倍。

二、鄂尔多斯社会经济因素时空格局变化

1990～2015年，鄂尔多斯市人口迅速增长。总人口由1990年的120.40万人增长到2015年的204.51万人，增加了0.7倍。东胜区人口增长速度最快，总人口从1990年的14.23万人增加到2015年的28.08万人，增长了近1倍，如图5-2所示。

1990～2015年，鄂尔多斯市经历了快速城镇化进程。全市城镇人口由1990年的21.51万人增加到2015年的149.55万人，增长了6倍。城镇化率由1990年的17.87%增长到2015年的73.13%，增加了55.26%。东胜区的城镇化速度最快，其城镇化率由1990年的47.93%增加至2015年的89.81%，增

加了 41.89%。

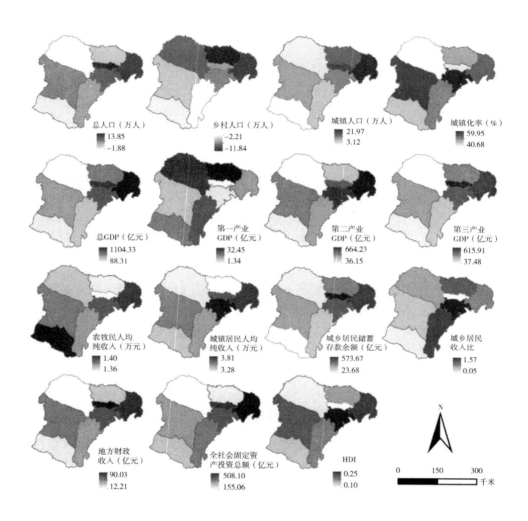

图5-2 1990~2015 年鄂尔多斯各旗县社会经济指标的变化量

1990~2015 年，鄂尔多斯经济呈现指数型增长。该市 GDP 由 1990 年的 14.87 亿元增加到 2015 年 4226.13 亿元，增长了 283 倍。该市第二产业 GDP 从 1990 年的 3.78 亿元增加到 2015 年 2400.01 亿元，增长了 634 倍；第三产业

GDP 由 1990 年的 3.96 亿元增加到 2015 年 1727.15 亿元，增长了 435 倍（见图 5-3）。准格尔旗 GDP 增长最快，该地区 GDP 总量从 3.45 亿元增加到 1107.78 亿元，增加了 320.17 倍。准格尔旗第二产业 GDP 增长最快，该地区第二产业 GDP 总量从 3.70 亿元增加到 664.23 亿元，增加了 178.44 倍。东胜区第三产业 GDP 增长最快。该地区第三产业 GDP 总量从 4.07 亿元增加到 615.91 亿元，增加了 150.16 倍。

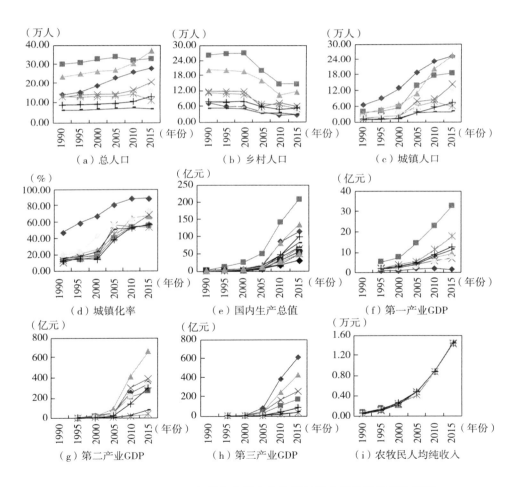

图 5-3 1990～2015 年鄂尔多斯市各旗县的社会经济指标变化情况

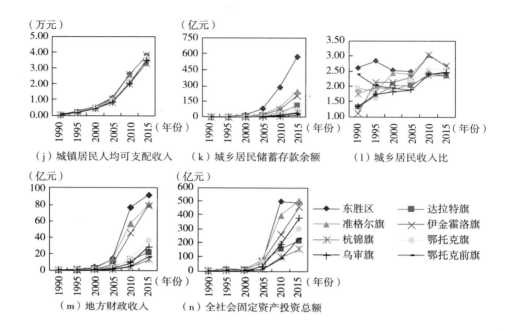

（j）城镇居民人均可支配收入　（k）城乡居民储蓄存款余额　（l）城乡居民收入比

（m）地方财政收入　（n）全社会固定资产投资总额

图 5 - 3　1990～2015 年鄂尔多斯市各旗县的社会经济指标变化情况（续）

1990～2015 年，鄂尔多斯各项收入指标均呈现指数型增长。全市农牧民人均纯收入从 0.06 万元增加到 1.44 万元，增加了 23.03 倍。城镇居民人均可支配收入从 0.10 万元增加到 3.74 万元，增加了 35.27 倍。城乡居民储蓄存款余额从 4.90 亿元增加到 943.42 亿元，增加了 191.68 倍；地方财政收入从 1.28 亿元增加到 445.90 亿元，增加了 347.55 倍。

鄂尔多斯市居民的基本福祉状况也得到了明显改善。HDI 由 2000 年的 0.65 增加到了 2010 年的 0.83，增加了 27.69%。伊金霍洛旗人类发展指数增长最快，其人类发展指数由 2000 年 0.62 增加到 2010 年 0.87，增加了 40.32%。

区域 1990～2015 年城乡收入差异明显加剧。该市城乡居民收入比从 1.72 增加到 2.60，增加了 51.16%。伊金霍洛旗的城乡居民收入比增加最明显，由

1.11 增加到 2.68，增长了 1.42 倍。

三、鄂尔多斯露天煤矿开采的社会经济影响

鄂尔多斯市露天煤矿面积与社会经济指标显著相关。

首先，露天煤矿区面积与总人口、城镇人口和城镇化率等人口指标呈显著正相关关系，相关系数分别为 0.48、0.76 和 0.52，均通过了 0.05 水平的显著性检验。

其次，露天煤矿区面积与 GDP 总量、第二产业 GDP 和第三产业 GDP 均呈显著的正相关关系，相关系数分别为 0.90、0.92 和 0.75，均通过了 0.05 水平的显著性检验。

再次，露天煤矿区面积与农牧民人均收入、城镇居民人均可支配收入、地方财政收入、城乡居民储蓄存款余额以及全社会固定资产投资等收入指标呈显著正相关关系，相关系数分别为 0.72、0.77、0.81、0.59 和 0.84，均通过了 0.05 水平的显著性检验。

最后，露天煤矿区面积与城乡居民收入比也呈显著正相关关系，相关系数为 0.53，通过了 0.05 水平的显著性检验。如图 5-4 所示。

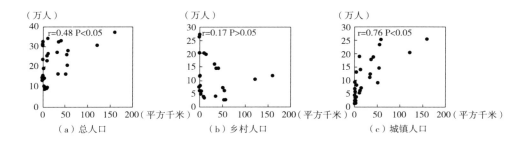

图 5-4　鄂尔多斯露天煤矿区面积与社会经济指标之间的关系

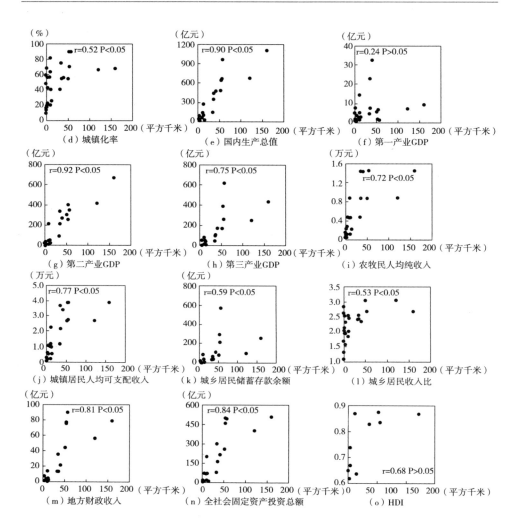

图5-4 鄂尔多斯露天煤矿区面积与社会经济指标之间的关系（续）

上述结果表明：一方面，随着露天煤矿区的增加，城镇化率、国内生产总值、地方财政收入和城乡居民收入等都在增加，这说明露天煤炭开采促进了区域社会经济发展；另一方面，在露天煤矿区面积快速增加的过程中，城乡居民收入比也在增大，而且露天煤矿区面积与城乡居民收入比具有显著的正相关关系，表明随着鄂尔多斯露天煤矿的进行，城乡居民收入差距在逐渐拉大，使得社会公平性受到影响。

为进一步阐述露天煤矿开采对区域社会经济的影响,本书选择了鄂尔多斯市露天煤矿区面积最大的准格尔旗与露天煤矿区面积最小的杭锦旗进行对比分析(见图5-5)。结果显示,准格尔旗的人口指标、GDP指标和城镇居民收入指标的增长量均明显大于杭锦旗。而准格尔旗与杭锦旗的农牧民收入的增长趋势保持一致。这进一步说明了鄂尔多斯露天煤矿开采虽然总体上促进了区域社会经济发展,但却未明显增加农牧民的收入,导致该区域城乡居民收入差距增加。

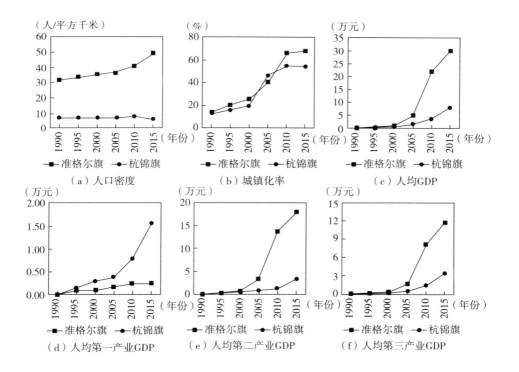

图5-5 鄂尔多斯市准格尔旗和杭锦旗的社会经济指标对比

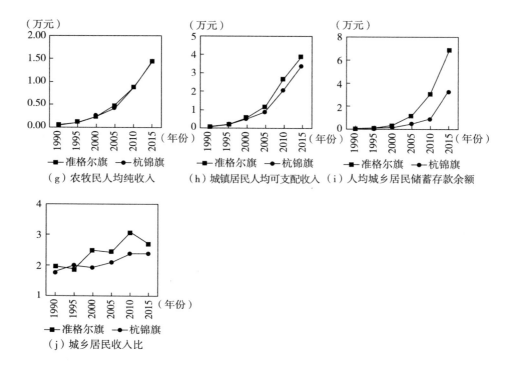

图5-5 鄂尔多斯市准格尔旗和杭锦旗的社会经济指标对比 （续）

第三节 锡林郭勒露天煤矿开采的社会经济影响

一、锡林郭勒社会经济状况

锡林郭勒盟人口主要分布在东北部和南部 （见图5-6）。2015 年，区域总人口为 104.26 万人。太仆寺旗人口最多，为 21.05 万人，占全盟总人口的 20.19%。锡林郭勒盟以城镇人口为主。锡林郭勒盟城镇人口为 66.59 万人，

城镇化率达到了 63.87%。锡林浩特市的城镇化率最高。该区总人口为 18.38
万人，城镇人口为 17.56，城镇化率为 95.52%。

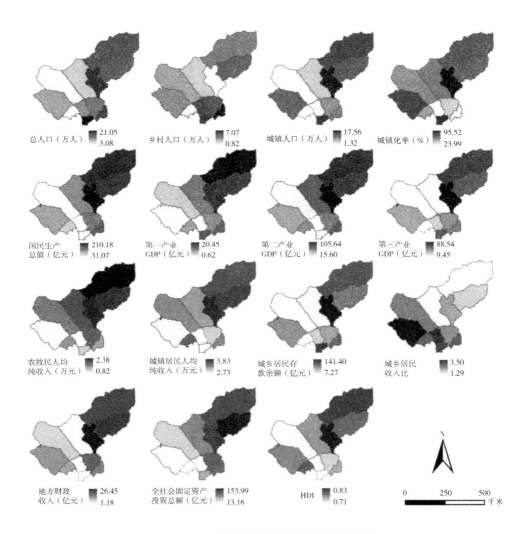

图 5-6 2015 年锡林郭勒盟主要社会经济状况

　　锡林郭勒盟经济主要以第二产业与第三产业为支撑。2015 年，该盟第二
产业 GDP 达到 611.12 亿元（占 GDP 的 61.11%），第三产业 GDP 达到 283.48

亿元（占 GDP 的 28.35%）。同时，不同产业在不同县域间也具有较大差异，第二、第三产业 GDP 最高的区域均为锡林浩特市：其第二产业 GDP 为 105.64 亿元，占全区第二产业 GDP 的 17.29%，第三产业 GDP 为 88.54 亿元，占全区第三产业 GDP 的 31.23%。与发达的第二、第三产业相比，锡林郭勒盟的第一产业所占份额较少，仅占区域 GDP 总值的 10% 左右；在全市中东乌珠穆沁旗的第一产业较为突出，第一产业 GDP 为 20.45 亿元，占全区第一产业 GDP 的 19.38%。

锡林郭勒盟居民收入在城乡间与区域之间均存在较大差异。2015 年该区城镇居民人均收入为 3.04 万元，农牧民人均收入为 1.22 万元，前者是后者的 2.49 倍。二连浩特市的城镇居民收入最高，为 3.83 万元，正镶白旗的城镇居民收入最低，为 2.74 万元，前者是后者的 1.40 倍。东乌珠穆沁旗的农牧民收入最高，为 2.38 万元，正镶白旗的农牧民收入最低，为 0.82 万元，前者是后的 2.90 倍。

地方财政、全社会固定资产投资与 HDI 等其他社会经济指标均呈现出区域差异。锡林浩特市的地方财政收入最高，达到 26.45 亿元，太仆寺旗的地方财政收入最低为 1.19 亿元，前者是后者的 22.26 倍。西乌珠穆沁旗的社会固定资产投资总额最高，达到 154 亿元，镶黄旗的社会固定资产投资总额最低，达到 13.17 亿元，前者是后者的 11.69 倍。锡林浩特市的 HDI 最高，达到 0.83，太仆寺旗的 HDI 最低，达到 0.71，前者是后者的 1.17 倍。

二、1990～2015 年锡林郭勒社会经济因素时空格局变化

1990～2015 年，锡林郭勒盟人口增长缓慢。总人口由 88.91 万人增长到 104.26 万人，仅增加了 17.26%。锡林浩特市的人口增长速度最快，总人口从 12.27 万人增加到 18.38 万人，增加了 50%。太仆寺旗的总人口呈现负增长的趋势，总人口从 21.52 万人减少到 21.05 万人。

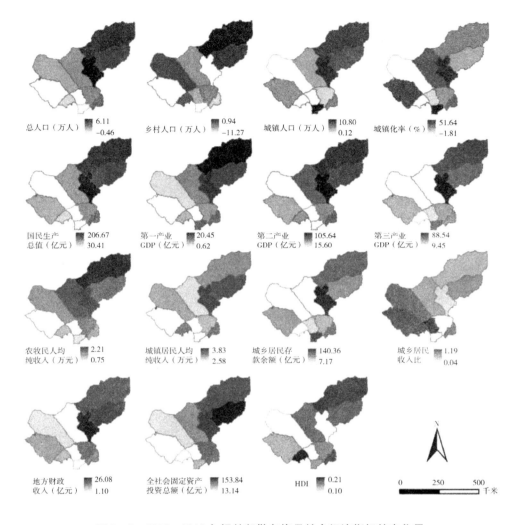

图5-7　1990~2015年锡林郭勒各旗县社会经济指标的变化量

　　1990~2015年，锡林郭勒盟经历了快速城市化进程。全市城镇人口由36.61万人增加到66.59万人，增加了81.89%。城镇化率也由41.18%增加到63.87%，增加了55.10%。太仆寺旗的城镇化速度最快，其城镇化率由14.96%增加至66.61%，增加了51.65%（见图5-8）。

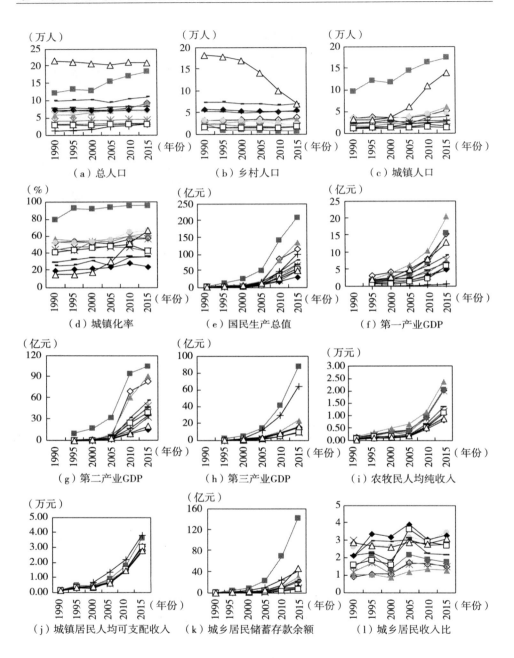

图 5 - 8   1990~2015 年锡林郭勒盟各旗县的社会经济指标变化情况

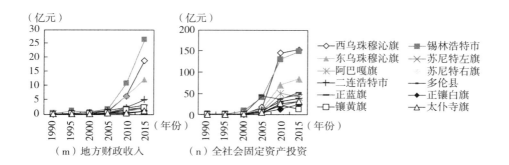

图 5 - 8　1990 ~ 2015 年锡林郭勒盟各旗县的社会经济指标变化情况（续）

1990 ~ 2015 年，锡林郭勒盟经济呈现指数型增长。该盟 GDP 由 14.22 亿元增加至 1000.10 亿元，增长了 69.31 倍。经济的快速增长与第二产业与第三产业的快速发展有关，锡林郭勒盟第二产业 GDP 从 4.51 亿元增加到 611.12 亿元，增长了 134.50 倍；第三产业 GDP 从 2.86 亿元增加到 283.48 亿元，增长了 98.05 倍。锡林浩特市第二、第三产业 GDP 增长最快，该地区第二产业 GDP 从 1995 年的 10.06 亿元增加到 2015 年的 105.64 亿元，增长了 9.50 倍，第三产业 GDP 从 1995 年的 2.37 亿元增加到 2015 年的 88.54 亿元，增长了 36.41 倍。

1990 ~ 2015 年，锡林郭勒盟各项收入指标均呈现指数型增长。全市农牧民人均纯收入从 0.09 万元增加到 1.22 万元，增加了 13.20 倍。城镇居民人均可支配收入从 0.09 万元增加到 3.04 万元，增加了 31.28 倍。城乡居民储蓄存款余额从 3.67 亿元增加到 388.70 亿元，增加了 105.03 倍。地方财政收入从 1.01 亿元增加到 93.84 亿元，增加了 92.32 倍。

锡林郭勒盟居民的基本福祉状况也得到了明显改善。HDI 由 2000 年的 0.76 增加到 2015 年的 0.88，增加了 15.51%。镶黄旗的人类发展指数增长最快，其人类发展指数由 2000 年的 0.61 增加到 2010 年的 0.82，增加了 33.74%。

1990~2015 年，锡林郭勒城乡收入差异明显加剧。城乡居民收入比从1.09 增加到 2.49，增加了 1.27 倍。正镶白旗的城乡居民收入比增加最明显，由 2.13 增加到 3.32，增长了 56.01%。

三、锡林郭勒露天煤矿开采的社会经济影响

锡林郭勒盟露天煤矿面积与社会经济指标显著相关。

首先，露天煤矿区面积与总人口和城镇人口指标呈显著正相关关系，相关系数分别为 0.44 和 0.37，均通过了 0.05 水平的显著性检验，但与乡村人口的相关系数为 0.19，且未通过 0.05 水平的显著性检验。

其次，露天煤矿区面积与国内生产总值、第一产业 GDP、第二产业 GDP 和第三产业 GDP 均呈显著的正相关关系，相关系数分别为 0.82、0.79、0.82 和 0.63，均通过了 0.05 水平的显著性检验。

再次，露天煤矿面积与农牧民人均收入、城镇居民人均可支配收入、城乡居民储蓄存款余额、地方财政收入、全社会固定资产投资总额等收入指标呈显著正相关关系，相关系数分别为 0.76、0.75、0.63、0.91 和 0.90，均通过了 0.05 水平的显著性检验。

最后，露天煤矿区面积与 HDI 的相关系数为 0.61，但未通过 0.05 水平的显著性检验，如图 5-9 所示。

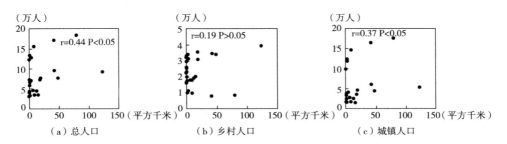

图 5-9 锡林郭勒露天煤矿区面积与社会经济指标之间的关系

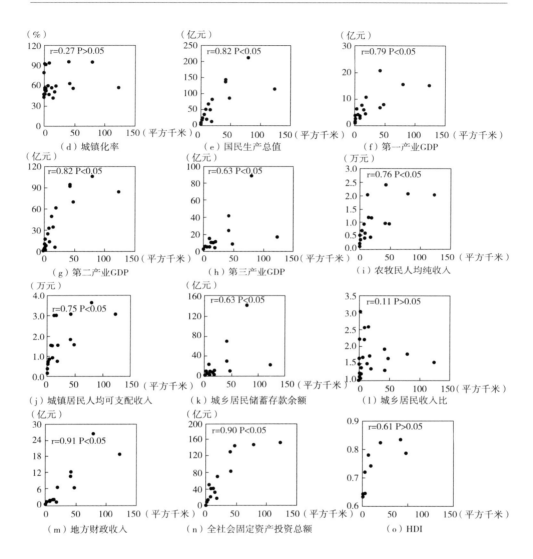

图5-9 锡林郭勒露天煤矿区面积与社会经济指标之间的关系（续）

上述结果表明：一方面，随着露天煤矿的增加，城镇化率、国内生产总值、地方财政收入和城乡居民收入等都在增加，这说明露天煤炭开采促进了区域社会经济发展；另一方面，在露天煤矿区面积快速增加的过程中，城镇居民收入和农牧民收入都在增加，表明锡林郭勒露天煤矿开采对城镇和农村居民的收入有积极影响。

为进一步阐述露天煤矿开采对区域社会经济的影响，本书选择了锡林郭勒盟露天煤矿区面积最大的西乌珠穆沁旗和露天煤矿区面积最小的太仆寺旗进行对比分析。结果显示，西乌珠穆沁旗的人均 GDP、人均第一产业 GDP、人均第二产业 GDP、人均第三产业 GDP、农牧民人均纯收入的变化趋势均明显大于太仆寺旗。这进一步说明了锡林郭勒盟露天煤矿开采促进了区域社会经济发展与居民收入，如图 5 - 10 所示。

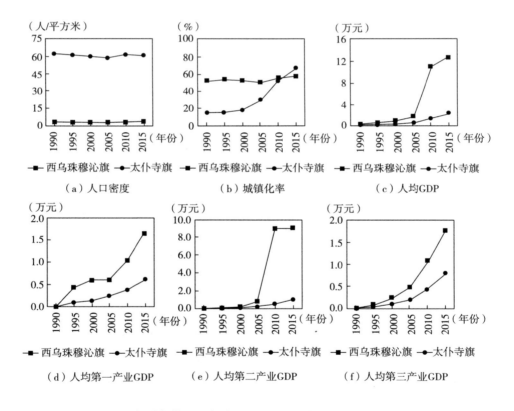

图 5 - 10　锡林郭勒盟西乌珠穆沁旗和太仆寺旗的社会经济指标对比

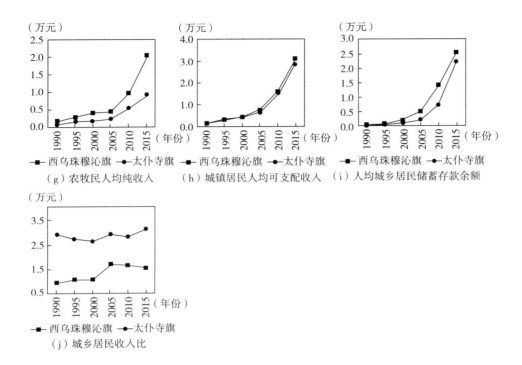

图 5 - 10 锡林郭勒盟西乌珠穆沁旗和太仆寺旗的社会经济指标对比（续）

第四节 鄂尔多斯和锡林郭勒露天煤矿开采对社会经济影响的对比

1990~2015 年，鄂尔多斯市与锡林郭勒盟社会经济状况（见图 5 - 11）均取得了快速发展，但鄂尔多斯市的发展明显快于锡林郭勒盟。

首先，鄂尔多斯市人口指标的总量与变化率均明显高于锡林郭勒盟。这表明，鄂尔多斯市的人口增长以及城市化进程均比锡林郭勒盟快。

其次，鄂尔多斯市经济发展水平明显高于锡林郭勒盟。鄂尔多斯市的 GDP 总量和增长量均远远大于锡林郭勒盟。

再次，鄂尔多斯市的农牧民总收入、城镇居民人均收入和城乡存款余额总量及其变化量均高于锡林郭勒盟。

最后，经济发展差异也体现在地方财政收入与社会固定资产投资方面。

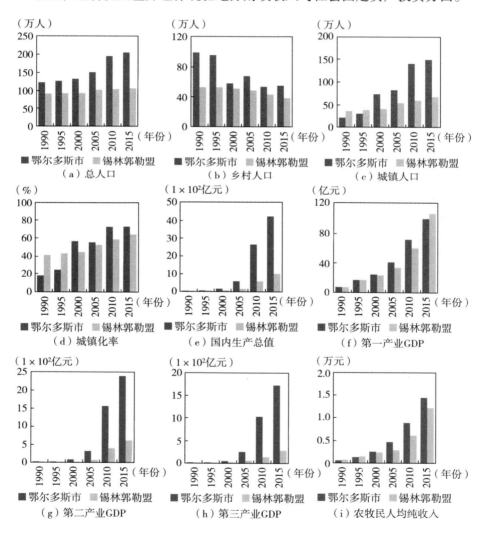

图 5 – 11　1990 ~ 2015 年鄂尔多斯市和锡林郭勒盟的社会经济变化情况

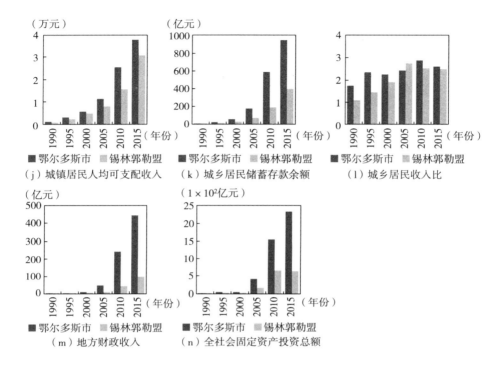

图 5 - 11　1990 ~ 2015 年鄂尔多斯市和锡林郭勒盟的社会经济变化情况（续）

　　露天煤矿开采与城镇化率、城乡收入比和 HDI 之间的关系在鄂尔多斯市与锡林郭勒盟之间存在明显差异。鄂尔多斯市露天煤矿区面积与城镇化率以及城乡收入比呈显著相关，相关系数分别为 0.52 和 0.53，通过了 0.05 水平的显著性检验。锡林郭勒盟露天煤矿区面积与城镇化率以及城乡收入比的相关系数分别为 0.27 和 0.11，均未通过 0.05 水平的显著性检验。同期，鄂尔多斯市露天煤矿区面积与人类发展指数之间的相关系数为 0.68，均未通过 0.05 水平的显著性检验。锡林郭勒盟露天煤矿区面积与人类发展指数之间的相关系数为 0.76，通过了 0.05 水平的显著性检验，如表 5 - 1 所示。

表 5-1　鄂尔多斯和锡林郭勒露天煤矿区面积与社会经济指标的 r 值和 P 值

	鄂尔多斯		锡林郭勒	
	r 值	P 值	r 值	P 值
总人口	0.48	0.007	0.44	0.015
乡村人口	0.17	0.359	0.19	0.313
城镇人口	0.76	0.000	0.37	0.043
城镇化率	0.52	0.003	0.27	0.148
国内生产总值	0.90	0.000	0.82	0.000
第一产业 GDP	0.24	0.248	0.79	0.000
第二产业 GDP	0.92	0.000	0.82	0.000
第三产业 GDP	0.75	0.000	0.63	0.001
农牧民人均纯收入	0.72	0.000	0.76	0.000
城镇居民人均可支配收入	0.77	0.000	0.75	0.000
城乡居民储蓄存款余额	0.59	0.001	0.63	0.000
城乡居民收入比	0.53	0.004	0.11	0.574
地方财政收入	0.81	0.000	0.91	0.000
全社会固定资产投资总额	0.84	0.000	0.90	0.000
HDI	0.68	0.46	0.76	0.011

注：阴影部分表示不能通过 0.05 显著性水平检验。

第五节　小结

本章分析了鄂尔多斯和锡林郭勒 1990～2015 年露天煤矿开采对社会经济的影响，主要有以下两点发现。

一、露天煤炭开采与区域社会经济发展显著相关

鄂尔多斯市与锡林郭勒盟社会经济指标在 1990～2015 年均呈现出快速增

长趋势。鄂尔多斯市人类发展指数由 0.65 增加到 0.83，增加了 27.69%。锡林郭勒盟人类发展指数由 0.76 增加到 0.88，增加了 15.79%。区域露天煤矿区面积与社会经济指标显著相关。鄂尔多斯市露天煤矿区面积与第二产业 GDP 关系最密切（r=0.92，P<0.05），锡林郭勒盟露天煤矿区面积与地方财政收入关系最密切（r=0.91，P<0.05）。

二、露天煤炭开采加剧了城乡间的不公平性

鄂尔多斯市与锡林郭勒盟在 1990～2015 年城乡居民收入比均呈现大幅度增加，这表明该区域的社会不公平性加剧。鄂尔多斯市城乡居民收入比从 1.72 增加到 2.60，增加了 51.16%。锡林郭勒盟城乡居民收入比从 1.09 增加到 2.49，增加了 1.28 倍。而且，鄂尔多斯市的城乡居民收入比与该区域的露天煤矿区面积呈现显著的正相关关系，这表明该区域露天煤矿开采与城乡不公平性的加剧具有密切联系。

第六章　结论与展望

本章在对前五章进行综合归纳的基础上阐述了论文的主要研究内容，总结了有关鄂尔多斯和锡林郭勒露天煤矿区的时空格局、露天煤矿开采对环境和社会经济影响方面的研究发现，讨论了论文中存在的不足，并针对这些不足提出了对未来工作的展望。

第一节　主要工作

一、发展了一种基于面向对象决策树提取露天煤矿区信息的新方法

该方法主要包括分割影像、计算各个对象的光谱特征和基于面向对象决策树提取露天煤矿区三个基本步骤。面向对象决策树的基本思路是先基于各个对象的光谱特征提取出开采区和潜在的剥离区与排土区，再根据开采区、剥离区和排土区紧密相邻的空间位置关系识别出实际的剥离区与排土区，最后将获取的开采区、剥离区和排土区合并为露天煤矿区。

二、量化了鄂尔多斯和锡林郭勒露天煤矿区的时空格局

首先，以 Landsat TM/OLI 数据为主要数据源，结合面向对象决策树方法和目视判读法，获取了鄂尔多斯和锡林郭勒 1990 年、1995 年、2000 年、2005 年、2010 年和 2015 年露天煤矿区信息。

其次，利用斑块密度、边缘密度和景观形状指数等 9 项景观格局指数量化了鄂尔多斯和锡林郭勒全区和各旗县 1990~2015 年露天煤矿区的时空格局。

最后，比较了两个区域露天煤矿区时空格局变化的异同并总结了露天煤矿区时空格局的共同特征。

三、评估了区域露天煤矿开采对环境的影响

首先，以露天煤炭开采的耗水量、露天煤炭开采导致的地下水破坏量、露天煤矿区对河流的影响、露天煤炭开采占用陆地生态系统的面积和露天煤炭开采导致植被净初级生产力的损失量为指标，评估了鄂尔多斯和锡林郭勒露天煤矿开采对环境的影响。

其次，比较了两个地区露天煤矿开采对环境影响的差异。

四、揭示了区域露天煤矿开采对社会经济的影响

首先，从人口分布、经济发展和社会公平性三个方面入手，选取了总人口、GDP 以及城乡居民收入比等 15 个具体指标，量化了鄂尔多斯和锡林郭勒社会经济指标的空间特征及其变化规律。

其次，利用相关分析法揭示了鄂尔多斯和锡林郭勒 1990~2015 年露天煤矿开采过程与社会经济发展之间的关系，再对比了露天煤矿区面积最大和最小的旗县的社会经济状况差异，进一步定性地探讨了露天煤矿开采对区域社会经济的影响。

最后，结合鄂尔多斯市和锡林郭勒两个地区露天煤矿区面积与社会经济因子之间的相关系数，比较了两个地区露天煤矿开采对社会经济的影响，如图6-1所示。

发展了一种基于面向对象决策树提取露天煤矿区信息的新方法

量化了鄂尔多斯和锡林郭勒1990~2015年露天煤矿区的时空格局

揭示了鄂尔多斯和锡林郭勒露天煤矿开采对环境的影响

评价了鄂尔多斯和锡林郭勒露天煤矿开采对社会经济的影响

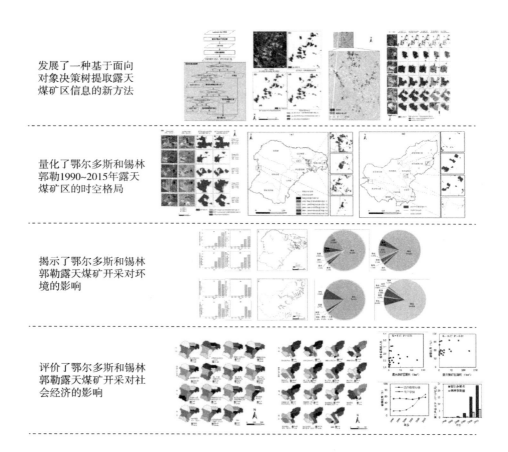

图6-1 主要研究内容

第二节　主要发现

一、面向对象决策树方法可以快速准确地获取露天煤矿区信息,具有良好的应用推广潜力

首先,与传统的人工目视解译相比,该方法省时省力,可以快速地获取露天煤矿区信息,尤其是在提取大范围的露天煤矿区信息时具有比较明显的优势。

其次,与传统的监督分类、决策树分类和面向对象分类三种方法相比,面向对象决策树方法可以明显提高分类精度,提取的露天煤矿区信息总体精度为97.07%,平均 Kappa 系数为0.80,用户精度和生产者精度均高于80%。这主要是因为基于面向对象决策树的提取方法通过加入空间位置信息,可以有效剔除与露天煤矿开采区不相邻的建筑物和裸地,从而有效减少误分与漏分现象。

二、鄂尔多斯和锡林郭勒1990～2015年露天煤矿区的面积及数量在快速增加,景观格局破碎化程度在加剧

鄂尔多斯市的露天煤矿区面积从6.17平方千米增加到356.45平方千米,增长了56.82倍,露天煤矿区的数量由1990年的79个增加到2015年的665个,增加了7.42倍。锡林郭勒盟的露天煤矿区面积由1990年的3.21平方千米增加至2015年的283.62平方千米,增加了87.23倍,露天煤矿区的数量由1990年的40个增加到2015年的504个,增加了11.60倍。鄂尔多斯市露天煤矿区面积和数量的增长量均大于锡林郭勒盟。1990～2015年,鄂尔多斯市露

天煤矿区的斑块密度增加了 0.02 个/公顷，边缘密度增加了 0.69 米/公顷，景观形状指数增加了 15.40。锡林郭勒盟露天煤矿区的斑块密度增加了 0.003 个/公顷，边缘密度增加了 0.08 米/公顷，景观形状指数增加了 9.02。鄂尔多斯市露天煤矿区的破碎化程度要大于锡林郭勒盟。

研究还发现，利用露天煤矿区面积占景观比例、聚集度指数和景观形状指数三个指数来描述露天煤矿区的时空轨迹变化，可以很好地展示两个地区露天煤矿区面积增加、破碎化加剧和形状趋于复杂的基本规律。

三、区域露天煤矿开采对生态环境造成了负面影响

1990~2015 年，鄂尔多斯和锡林郭勒露天煤矿开采消耗了大量的水资源，对地下水和河流造成了严重的影响。鄂尔多斯和锡林郭勒因露天煤矿开采消耗的水资源量分别增加了 20.77 亿立方米和 2.84 亿立方米，对地下水的破坏量分别增加了 15.67 亿立方米和 2.12 亿立方米。两个地区河流缓冲区 2 千米范围内的露天煤矿区面积分别增加了 70.71 平方千米和 36.42 平方千米。

鄂尔多斯和锡林郭勒露天煤矿开采均是以占用草地生态系统为主，导致 NPP 大量损失。鄂尔多斯和锡林郭勒露天煤矿开采占用的草地面积分别为 255.55 平方千米和 222.07 平方千米，NPP 总损失量分别为 9.97×10^{10} 克碳和 8.49×10^{10} 克碳。鄂尔多斯露天煤矿开采对各项环境要素的影响程度均明显大于锡林郭勒。

四、区域露天煤矿开采促进了经济发展，但加剧了社会不公平性

鄂尔多斯市与锡林郭勒盟城镇化率、GDP 和居民收入等社会经济指标在 1990~2015 年均呈现出快速增长趋势。其中，表征社会经济综合发展水平的人类发展指数，鄂尔多斯市由 0.65 增加到 0.83，增加了 27.69%，而锡林郭勒盟由 0.76 增加到 0.88，增加了 15.79%。区域露天煤矿区面积与社会经济

指标显著相关。鄂尔多斯市露天煤矿区面积与第二产业 GDP 关系最密切（r =
0.92，P < 0.05），锡林郭勒盟露天煤矿区面积与地方财政收入关系最密切
（r = 0.91，P < 0.05）。

鄂尔多斯市与锡林郭勒盟 1990 ~ 2015 年城乡居民收入比均呈现大幅度增
加，这表明该区域的社会不公平性加剧。鄂尔多斯市城乡居民收入比从 1.72
增加到 2.60，增加了 51.16%。锡林郭勒盟城乡居民收入比从 1.09 增加到
2.49，增加了 1.28 倍。同时，鄂尔多斯市的城乡居民收入比与该区域的露天
煤矿区面积呈现显著的正相关关系，这表明该区域露天煤矿开采与城乡不公平
性的加剧具有密切联系。

第三节　讨论和展望

2017 年，内蒙古印发了《内蒙古自治区能源发展"十三五"规划》，明
确指出能源生产供应需保持稳步增长，稳步推进煤炭生产基地建设（内蒙古
自治区人民政府，2017）。这意味着该地区露天煤矿开采将进一步影响环境、
社会和经济。因此，建议高度重视内蒙古露天煤矿开采的生态环境和社会经济
效应评价，减少露天煤矿开采对区域可持续性的负面影响。

首先，应该建立有效的管控机制，严格控制露天煤矿区的无序扩张，加强
矿区生态环境治理，采用清洁生产工艺，落实节水措施，提高水资源利用率，
减少露天煤矿区建设对生态环境的影响。

其次，需要建立健全生态补偿机制，稳步提高城乡居民收入，减少城乡收
入差异，促进社会公平性。

最后，应加强对太阳能、风能和生物质能等可再生能源的利用，降低露天

煤矿开采强度，促进区域可持续发展。

本书发展的面向对象决策树方法仍存在一些有待改进之处。比如，当排土区和剥离区与开采区不相邻时，该方法难以有效地提取这些排土区和剥离区，从而出现明显的漏分误差。此外，由于排土区和剥离区高度的光谱相似性，本书的方法，实际上是把它们看成同一种类型来处理，目前还不能进一步区分排土区和剥离区。在评价露天煤矿开采对环境的影响时，本书主要采用了空间统计方法。该方法难以揭示露天煤矿开采对水土气生等环境要素影响的机理。而且，本书仅基于相关分析方法量化了露天煤矿开采与社会经济发展之间的联系，未充分揭示两者间的因果关系。

以后的研究应该综合地物的光谱信息、空间位置信息、纹理信息和形状信息来进一步提高露天煤矿区的识别精度。此外，还将利用生态系统过程模型、水文模型和区域气候模型来定量评价露天煤矿开采对区域生态环境的综合影响，并基于结构方程模型和社会经济模型评价露天煤矿开采对区域社会经济的影响，以更加准确地揭示区域露天煤矿开采的生态环境与社会经济效应。

总而言之，本书以鄂尔多斯和锡林郭勒为例，对内蒙古露天煤矿开采的格局、过程和影响进行了系统的定量研究，为有效遏制区域露天煤矿的无序开采，建设美丽内蒙古，构筑我国北方生态安全屏障和促进该区域环境、经济和社会协调发展提供了重要的科学基础和数据支撑。

参考文献

[1] Ahirwal J, Maiti S K. Assessment of soil properties of different land uses generated due to surface coal mining activities in tropical sal (Shorea robusta) forest, India [J] . Catena, 2016 (140): 155 – 163.

[2] Baatz M, Schape A. Multiresolution segmentation: An optimization approach for high quality multi – scale image segmentation [J] . Angewandte Geographische Informationsverarbeitung, XII, 2000: 12 – 23.

[3] Bian Z, Inyang H I, Daniels J L, Otto F, Struthers S. Environmental issues from coal mining and their solutions [J] . Mining Science and Technology, 2010, 20 (2): 15 – 223.

[4] Blaschke T. Object based image analysis for remote sensing [J] . Journal of Photogrammetry and Remote Sensing, 2010, 65 (1): 2 – 16.

[5] Bouziani M, Goïta K, He D – C. Automatic change detection of buildings in urban environment from very high spatial resolution images using existing geodatabase and prior knowledge [J] . Journal of Photogrammetry and Remote Sensing, 2010, 65 (1): 143 – 153.

[6] Chen J, Gong P, He C, Pu R, Shi P. Land – use/land – cover change detection using improved change – vector analysis [J] . Photogrammetric Engineering & Remote Sensing, 2003, 69 (4): 369 – 379.

[7] Corbett R G. Effects of coal mining on ground and surface water quality, Monongalia County, West Virginia [J]. Science of the Total Environment, 1977, 8 (1): 21 –38.

[8] Dai G S, Ulgiati S, Zhang Y S, Yu B H, Kang M Y, Jin Y, Dong X B, Zhang X S. The false promises of coal exploitation: How mining affects herdsmen well – being in the grassland ecosystems of Inner Mongolia [J]. Energy Policy, 2014 (67): 146 –153.

[9] Demirel N, Duzgun S, Emil M K. Landuse change detection in a surface coal mine area using multi – temporal high – resolution satellite images [J]. International Journal of Mining Reclamation and Environment, 2011b, 25 (4): 342 – 349.

[10] Demirel N, Emil M K, Duzgun H S. Surface coal mine area monitoring using multi – temporal high – resolution satellite imagery [J]. International Journal of Coal Geology, 2011a, 86 (1): 3 –11.

[11] Erener A. Remote sensing of vegetation health for reclaimed areas of Seyitömer open cast coal mine [J]. International Journal of Coal Geology, 2011, 86 (1): 20 –26.

[12] Fernández – Manso A, Quintano C, Roberts D. Evaluation of potential of multiple endmember spectral mixture analysis (MESMA) for surface coal mining affected area mapping in different world forest ecosystems [J]. Remote Sensing of Environment, 2012 (127): 181 –193.

[13] Ganbold M, Ali S H. The peril and promise of resource nationalism: A case analysis of Mongolia's mining development [J]. Resources Policy, 2017 (53): 1 –11.

[14] Gangloff M M, Perkins M, Blum P W, Walker C. Effects of coal mining,

forestry, and road construction on southern appalachian stream invertebrates and habitats [J]. Environ Manage, 2015, 55 (3): 702 – 714.

[15] Ghose M K, Majee S R. Characteristics of hazardous airborne dust around an Indian surface coal mining area [J]. Environmental Monitoring and Assessment, 2007, 130 (1 – 3): 17 – 25.

[16] Hajkowicz S A, Heyenga S, Moffat K. The relationship between mining and socio – economic well being in Australia's regions [J]. Resources Policy, 2011, 36 (1): 30 – 38.

[17] He C Y, Liu Z F, Tian J, Ma Q. Urban expansion dynamics and natural habitat loss in China: A multiscale landscape perspective [J]. Global Change Biology, 2014, 20 (9): 2886 – 2902.

[18] Herzog F, Lausch A, Muller E, Thulke H H, Steinhardt U, Lehmann S. Landscape metrics for assessment of landscape destruction and rehabilitation [J]. Environ Manage, 2001, 27 (1): 91 – 107.

[19] Huang Y, Tian F, Wang Y J, Wang M, Hu Z L. Effect of coal mining on vegetation disturbance and associated carbon loss [J]. Environmental Earth Sciences, 2015, 73 (5): 2329 – 2342.

[20] Kates R W. What kind of a science is sustainability science? [J]. Proceedings of the National Academy of Sciences, 2011, 108 (49): 49 – 50.

[21] Laliberte A S, Fredrickson E L, Rango A. Combining decision trees with hierarchical object – oriented image analysis for mapping arid rangelands [J]. Photogrammetric Engineering & Remote Sensing, 2015, 73 (2): 197 – 207.

[22] Lechner A M, McIntyre N, Witt K, Raymond C M, Arnold S, Scott M, Rifkin W. Challenges of integrated modelling in mining regions to address social, environmental and economic impacts [J]. Environmental Modelling & Software,

2017 (93): 268 – 281.

[23] Li N, Yan C Z, Xie J L. Remote sensing monitoring recent rapid increase of coal mining activity of an important energy base in northern China, a case study of mu us sandy land [J]. Resources, Conservation and Recycling, 2015 (94): 129 – 135.

[24] Liang Y C, Liang H D, Zhu S Q. Mercury emission from spontaneously ignited coal gangue hill in Wuda coalfield, Inner Mongolia, China [J]. Fuel, 2016 (182): 525 – 530.

[25] Liu L, Liu J, Zhang Z G. Environmental justice and sustainability impact assessment: In search of solutions to ethnic conflicts caused by coal mining in Inner Mongolia, China [J]. Sustainability, 2014, 6 (12): 8756 – 8774.

[26] Liu Z, He C, Wu J. General spatiotemporal patterns of urbanization: An Examination of 16 World Cities [J]. Sustainability, 2016, 8 (1): 41.

[27] Liu Z F, He C Y, Zhang Q F, Huang Q X, Yang Y. Extracting the dynamics of urban expansion in China using DMSP – OLS nighttime light data from 1992 to 2008 [J]. Landscape and Urban Planning, 2012, 106 (1): 62 – 72.

[28] Mamula N. Remote – sensing methods for monitoring surface coal mining in northern great plains [J]. Journal of Research of the Us Geological Survey, 1978, 6 (2): 149 – 160.

[29] Mao Y, Ma B, Liu S, Wu L, Zhang X, Yu M. Study and validation of a remote sensing model for coal extraction based on reflectance spectrum features [J]. Canadian Journal of Remote Sensing, 2014, 40 (5): 327 – 335.

[30] McGarigal K, Cushman S A, Neel M C, Ene E. Fragstats: Spatial pattern analysis program for categorical maps [EB/OL]. http://www.umass.edu/landeco/research/fragstats/fragstats.html, 2002.

[31] Nelson D R, Adger W N, Brown K. Adaptation to environmental

change: Contributions of a resilience framework [J]. Social Science Electronic Publishing, 2017, 32 (32).

[32] O'Neill R V, Hunsaker C T, Timmins S P, Jackson B L, Jones K B, Riitters K H, Wickham J D. Scale problems in reporting landscape pattern at the regional scale [J]. Landscape Ecology, 1996, 11 (3): 169 – 180.

[33] Palmer M A, Bernhardt E S, Schlesinger W H, Eshleman K N, Foufoula – Georgiou E, Hendryx M S, Lemly A D, Likens G E, Loucks O L, Power M E, White PS, Wilcock PR. Mountaintop mining consequences [J]. Science, 2010, 327 (5962): 148 – 149.

[34] Papagiannis A, Roussos D, Menegaki M, Damigos D. Externalities from lignite mining – related dust emissions [J]. Energy Policy, 2014 (74): 414 – 424.

[35] Parks NF, Petersen GW. High resolution remote sensing of spatially and spectrally complex coal surface mines of central Pennsylvania: A comparison between simulated Spot mss and landsat – 5 thematic mapper [J]. Photogrammetric Engineering and Remote Sensing, 1987, 53 (4): 415 – 420.

[36] Petropoulos G P, Partsinevelos P, Mitraka Z. Change detection of surface mining activity and reclamation based on a machine learning approach of multi – temporal landsat TM imagery [J]. Geocarto International, 2013, 28 (4): 323 – 342.

[37] Ping J, Yan S, Gu P, Wu Z, Hu C. Application of Mike she to study the impact of coal mining on river runoff in Gujiao mining area, Shanxi, China [J]. PLoS One , 2017, 12 (12).

[38] Pontius R G, Millones M. Death to Kappa: Birth of quantity disagreement and allocation disagreement for accuracy assessment [J]. International Journal of Remote Sensing, 2011, 32 (15): 4407 – 4429.

[39] Prakash A, Gupta R P. Land – use mapping and change detection in a

coal mining area – a case study in the Jharia coalfield, India ［J］. International Journal of Remote Sensing, 1998, 19 (3): 391 – 410.

［40］ Qian T N, Bagan H, Kinoshita T, Yamagata Y. Spatial – temporal analyses of surface coal mining dominated land degradation in holingol, inner mongolia ［J］. Ieee Journal of Selected Topics In Applied Earth Observations And Remote Sensing, 2014, 7 (5): 1675 – 1687.

［41］ Rathore C S, Wright R. Monitoring environmental impacts of surface coal mining ［J］. International Journal of Remote Sensing, 1993, 14 (6): 1021 – 1042.

［42］ Roy D P, Wulder M A, Loveland TR. Landsat – 8: Science and product vision for terrestrial global change research ［J］. Remote Sensing of Environment, 2014 (145): 154 – 172.

［43］ Skubacz K, Lebecka J, Chalupnik S, Wysocka M. Possible changes in radiation background of the natural environment caused by coal mine activity ［J］. Energy Sources, 2007, 14 (2): 149 – 153.

［44］ Slonecker E T, Benger M J. Remote sensing and mountaintop mining ［J］. Remote Sensing Reviews, 2001, 20 (4): 293 – 322.

［45］ Solomon F, Katz E, Lovel R. Social dimensions of mining: Research, policy and practice challenges for the minerals industry in Australia ［J］. Resources Policy, 2008, 33 (3): 142 – 149.

［46］ Tang M, Wu D, Fu X, Cao H. An assessment of ecological carrying capacity of Xilingol, Inner Mongolia? ［J］. International Journal of Sustainable Development & World Ecology, 2016, 24 (5): 408 – 414.

［47］ Tao S L, Fang J Y, Zhao X, Zhao SQ, Shen H H, Hu H F, Tang Z Y, Wang Z H, Guo Q H. Rapid loss of lakes on the Mongolian Plateau ［J］. Proceedings of the National Academy of Sciences of the United States of America, 2015, 112 (7): 2281 – 2286.

[48] Tiwary R K, Dhar B B. Effect of coal mining and coal based industrial activities on water quality of the river Damodar with specific reference to heavy metals [J] . International Journal of Surface Mining Reclamation & Environment, 1994, 8 (3): 111 – 115.

[49] Tiwary R K. Environmental impact of coal mining on water regime and its management [J] . Water Air & Soil Pollution, 2001, 132 (1 – 2): 185 – 199.

[50] Townsend P A, Helmers D P, Kingdon C C, McNeil B E, de Beurs K M, Eshleman K N. Changes in the extent of surface mining and reclamation in the central appalachians detected using a 1976 – 2006 landsat time series [J] . Remote Sensing of Environment, 2009, 113 (1): 62 – 72.

[51] Tucker C J. Red and photographic infrared linear combinations for monitoring vegetation [J] . Remote Sensing of Environment, 1979, 8 (2): 127 – 150.

[52] Wang W F, Hao W D, Sian Z F, Lei S G, Wang X S, Sang S X, Xu S C. Effect of coal mining activities on the environment of Tetraena mongolica in Wuhai, Inner Mongolia, China – A geochemical perspective [J] . International Journal of Coal Geology, 2014 (132): 94 – 102.

[53] Woodworth M D. Ordos Municipality: A market – era resource boomtown [J] . Cities, 2015 (43): 115 – 132.

[54] World Coal Institute. The coal resource – a comprehensive overview of coal [EB/OL] . http: //www. worldcoal. org.

[55] Wu J, Jenerette G D, Buyantuyev A, Redman C L. Quantifying spatiotemporal patterns of urbanization: The case of the two fastest growing metropolitan regions in the United States [J] . Ecological Complexity, 2011, 8 (1): 1 – 8.

［56］Wu J, Zhang Q, Li A, Liang C. Historical landscape dynamics of Inner Mongolia: Patterns, drivers, and impacts ［J］. Landscape Ecology, 2015（30）: 1579 – 1598.

［57］Wu J. Key concepts and research topics in landscape ecology revisited: 30 years after the Allerton Park workshop ［J］. Landscape ecology, 2013a, 28（1）: 1 – 11.

［58］Wu J. Landscape sustainability science: Ecosystem services and human well – being in changing landscapes ［J］. Landscape Ecology, 2013b, 28（6）: 999 – 1023.

［59］Yu J – Y. Pollution of osheepcheon creek by abandoned coal mine drainage in Dogyae area, eastern part of Samcheok coal field, Kangwon – Do, Korea ［J］. Environmental Geology, 1996, 27（4）: 286 – 299.

［60］Zipper C E, Burger J A, Skousen J G, Angel PN, Barton C D, Davis V, Franklin JA. Restoring forests and associated ecosystem services on appalachian coal surface mines ［J］. Environ Manage, 2011, 47（5）: 751 – 765.

［61］毕如田, 白中科, 李华, 郭青霞. 大型露天煤矿区土地扰动的时空变化 ［J］. 应用生态学报, 2007（8）: 1908 – 1912.

［62］毕如田, 白中科. 基于遥感影像的露天煤矿区土地特征信息及分类研究 ［J］. 农业工程学报, 2017（2）: 77 – 82 + 291.

［63］蔡博峰, 刘春兰, 陈操操, 王海华, 李铮. 内蒙古霍林河一号露天矿生态环境的遥感监测与评价 ［J］. 煤炭工程, 2009（6）: 96 – 98.

［64］陈伟. 内蒙古自治区煤炭产业可持续发展研究 ［D］. 中国地质大学博士学位论文, 2007.

［65］陈晓江. 鄂尔多斯高原湖泊动态及其生态系统功能研究 ［D］. 内蒙古大学博士学位论文, 2010.

［66］陈玉福．鄂尔多斯高原沙地草地的生态异质性［D］．中国科学院植物研究所博士学位论文，2001．

［67］成方妍，刘世梁，张月秋，尹艺洁，侯笑云．基于 MODIS 序列的北京市土地利用变化对净初级生产力的影响［J］．生态学报，2017（18）：5924－5934．

［68］春风，赵萌莉，张继权，包玉海．内蒙古巴音华煤矿区自然定居植物群落物种多样性变化分析［J］．生态环境学报，2016（7）：1211－1216．

［69］董震雨，王双明．采煤对陕北榆溪河流域地下水资源的影响分析——以杭来湾煤矿开采区为例［J］．干旱区资源与环境，2017（3）：185－190．

［70］范立民．黄河中游一级支流窟野河断流的反思与对策［J］．地下水，2004（4）：236－237＋241．

［71］范小杉，高吉喜，田美荣，张玮．内蒙古自治区煤炭开采资源耗损及生态破坏成本核算与分析［J］．干旱区资源与环境，2015（9）：39－44．

［72］封建民，董桂芳，郭玲霞，文琦．榆神府矿区景观格局演变及其生态响应［J］．干旱区研究，2014（6）：1141－1146．

［73］付德明．鄂尔多斯市土地利用与生态环境状况分区评价［J］．内蒙古煤炭经济，2009（6）：113－115．

［74］付桂军，齐义军．民族地区煤炭资源开发与环境保护可持续发展研究——以内蒙古为例［J］．生态经济，2012（12）：109－113＋141．

［75］傅伯杰，吕一河，陈利顶，苏常红，姚雪玲，刘宇．国际景观生态学研究新进展［J］．生态学报，2008，28（2）：798－804．

［76］傅伯杰．地理学综合研究的途径与方法：格局与过程耦合［J］．地理学报，2014，69（8）：1052－1059．

［77］高雅，陆兆华，魏振宽，付晓，吴钢．露天煤矿区生态风险受体分

析——以内蒙古平庄西露天煤矿为例［J］. 生态学报, 2014, 34（11）: 44 - 54.

［78］宫鹏. 遥感科学与技术中的一些前沿问题［J］. 遥感学报, 2009, 13（1）: 13 - 23.

［79］关春竹, 张宝林, 赵俊灵, 李建楠. 锡林浩特市露采煤炭区土地利用的扰动分析［J］. 环境监控与预警, 2017（2）: 14 - 18.

［80］郭美楠, 杨兆平, 马建军, 高吉喜, 贾志斌. 伊敏矿区景观生态风险评价研究［J］. 资源与产业, 2014（2）: 83 - 89.

［81］国家统计局. 中国统计年鉴［M］. 北京: 中国统计出版社, 2016.

［82］韩慧, 吴江. 鄂尔多斯市煤炭开发的生态环境损失核算［J］. 广西财经学院学报, 2010, 23（1）: 116 - 120.

［83］侯飞, 胡召玲. 基于多尺度分割的煤矿区典型地物遥感信息提取［J］. 测绘通报, 2012（1）: 22 - 25.

［84］胡振琪, 杨玲, 王广军. 草原露天矿区草地沙化的遥感分析——以霍林河矿区为例［J］. 中国矿业大学学报, 2005（1）: 9 - 13.

［85］金传良, 郑连生, 李贵宝, 金春华. 水量与水质实用技术手册［M］. 北京: 中国标准出版社, 2007.

［86］金云翔, 徐斌, 杨秀春, 李金亚, 王道龙, 马海龙. 内蒙古锡林郭勒盟草原产草量动态遥感估算［J］. 中国科学（生命科学）, 2011, 41（12）: 1185 - 1195.

［87］康萨如拉, 牛建明, 张庆, 韩砚君, 董建军, 张靖. 草原区矿产开发对景观格局和初级生产力的影响——以黑岱沟露天煤矿为例［J］. 生态学报, 2014（11）: 2855 - 2867.

［88］雷少刚, 卞正富. 西部干旱区煤炭开采环境影响研究［J］. 生态学报, 2014（11）: 2837 - 2843.

［89］冷疏影, 宋长青, 吕克解, 赵楚年, 郭廷彬, 彭文英, 钟良平. 地

理学学科 15 年发展回顾与展望［J］. 地球科学进展，2011，16（6）：845 - 851.

［90］李冬梅，焦峰，王志杰，梁宁霞. 准格尔旗矿区景观格局动态分析［J］. 西北林学院学报，2014（6）：60 - 65 + 79.

［91］李丽英. 内蒙古煤炭资源开发利益分享机制研究［J］. 煤炭经济研究，2016，36（3）：26 - 29.

［92］刘慧，马洪云. 基于区位商理论对呼包鄂城市群产业比较优势的研究［J］. 资源与产业，2014，16（6）：1 - 6.

［93］刘纪远. 20 世纪 80 年代末以来中国土地利用变化的基本特征与空间格局［J］. 地理学报，2014（1）：3 - 14.

［94］刘晶. 内蒙古能源与经济发展关系的实证研究［J］. 中外能源，2010，15（1）：23 - 28.

［95］刘小茜，裴韬，周成虎，杜云艳，马廷，谢传节，许珺. 煤炭资源型城市多适应性情景动力学模型研究——以鄂尔多斯市为例［J］. 中国科学（地球科学），2018，48（2）：243 - 258.

［96］刘焱，杨冕. 基于生态文明视角的鄂尔多斯模式反思［J］. 干旱区资源与环境，2011（7）：222 - 226.

［97］陆大道. "未来地球"框架文件与中国地理科学的发展——从"未来地球"框架文件看黄秉维先生论断的前瞻性［J］. 地理学报，2014，69（8）：1043 - 1051.

［98］吕新，王双明，杨泽元，卜惠瑛，刘燕. 神府东胜矿区煤炭开采对水资源的影响机制——以窟野河流域为例［J］. 煤田地质与勘探，2014，42（2）：54 - 57 + 61.

［99］罗君，许端阳，任红艳. 2000 - 2010 年鄂尔多斯地区沙漠化动态及其气候变化和人类活动驱动影响的辨识［J］. 冰川冻土，2013（1）：48 - 56.

［100］马梅，张圣微，魏宝成．锡林郭勒草原近 30 年草地退化的变化特征及其驱动因素分析［J］．中国草地学报，2017（4）：86 - 93.

［101］马雄德，范立民，张晓团，张红强，张云峰，申涛．榆神府矿区水体湿地演化驱动力分析［J］．煤炭学报，2015（5）：1126 - 1133.

［102］马一丁，付晓，田野，王辰星，吴钢．锡林郭勒盟煤电基地开发生态脆弱性评价［J］．生态学报，2017（13）：4505 - 4510.

［103］马一丁，付晓，吴钢．锡林郭勒盟煤电基地大气环境容量分析及预测［J］．生态学报，2017（15）：1 - 8.

［104］蒙吉军，朱利凯，杨倩，毛熙彦．鄂尔多斯市土地利用生态安全格局构建［J］．生态学报，2012（21）：6755 - 6766.

［105］内蒙古自治区国土资源厅．内蒙古自治区国土资源 2015 年公报［Z］．呼和浩特市政府，2016.

［106］内蒙古自治区人民政府．内蒙古自治区能源发展"十三五"规划［Z］//内蒙古自治区人民政府公报，呼和浩特市政府，2017.

［107］内蒙古自治区统计局．内蒙古统计年鉴 1991［M］．北京：中国统计出版社，1991.

［108］内蒙古自治区统计局．内蒙古统计年鉴 1996［M］．北京：中国统计出版社，1996.

［109］内蒙古自治区统计局．内蒙古统计年鉴 2001［M］．北京：中国统计出版社，2001.

［110］内蒙古自治区统计局．内蒙古统计年鉴 2006［M］．北京：中国统计出版社，2006.

［111］内蒙古自治区统计局．内蒙古统计年鉴 2011［M］．北京：中国统计出版社，2011.

［112］内蒙古自治区统计局．内蒙古统计年鉴 2016［M］．北京：中国统

计出版社，2016.

[113] 斯琴巴特尔. 基于收入结构视角的锡林郭勒盟牧民增收问题研究 [J]. 内蒙古农业大学学报（社会科学版）：2018：1–15.

[114] 宋长青. 地理学研究范式的思考 [J]. 地理科学进展，2016，35 (1)：1–3.

[115] 宋献方，卜红梅，马英. 噬水之煤——煤电基地开发与水资源关系研究 [M]. 北京：中国环境科学出版社，2012.

[116] 宋亚婷，江东，黄耀欢，万华伟. 基于面向对象方法的露天煤矿用地类型提取优先级分析 [J]. 遥感技术与应用，2016，31 (3)：572–579.

[117] 苏日古格，阿拉腾图娅，包刚，伊如汗. 沙地分类植被覆盖动态及其驱动力分析 [J]. 测绘科学，2016 (9)：71–79.

[118] 孙承志，杨娟. 内蒙古煤炭生产与经济增长的协整分析 [J]. 中国矿业，2011，20 (4)：28–31.

[119] 孙琦. 煤矿区生态风险演化过程及防控机制研究 [D]. 中国地质大学博士学位论文，2017.

[120] 孙泽祥，刘志锋，何春阳，邬建国. 中国北方干燥地城市扩展过程对生态系统服务的影响——以呼和浩特—包头—鄂尔多斯城市群地区为例 [J]. 自然资源学报，2017 (10)：1691–1704.

[121] 汤育. 阜新市海州露天矿区开采对空气质量的影响 [J]. 气象与环境学报，2008 (1)：32–35.

[122] 佟长福，史海滨，李和平，李玉伟，吴妍. 鄂尔多斯市工业用水变化趋势和需水量预测研究 [J]. 干旱区资源与环境，2011，25 (1)：148–150.

[123] 王广军，付梅臣，张继超. 草原露天矿区草地荒漠化遥感分析与治理对策——以霍林河露天煤矿区为例 [J]. 中国矿业大学学报，2007 (1)：

42 - 48.

　［124］王静爱，左伟．中国地理图集［M］．北京：中国地图出版社，2010.

　［125］王小军，蔡焕杰，张鑫，王健，刘红英，翟俊峰．窟野河季节性断流及其成因分析［J］．资源科学，2008（3）：475 - 480.

　［126］邬建国，郭晓川，杨劼，钱贵霞，牛建明，梁存柱，张庆，李昂．什么是可持续性科学？［J］．应用生态学报，2014（1）：1 - 11.

　［127］邬建国．景观生态学［M］．北京：高等教育出版社，2001.

　［128］吴迪，代方舟，严岩，刘昕，付晓．煤电一体化开发对锡林郭勒盟环境经济的影响［J］．生态学报，2011（17）：5055 - 5060.

　［129］吴喜军，李怀恩，董颖．煤炭开采对水资源影响的定量识别——以陕北窟野河流域为例［J］．干旱区地理，2016（2）：246 - 253.

　［130］徐冠华，田国良，王超，牛铮，郝鹏威，黄波，刘震．遥感信息科学的进展和展望［J］．地理学报，1996（5）：385 - 397.

　［131］徐新良，刘纪远．中国5年间隔陆地生态系统空间分布数据集（1990～2010）（ChinaEco100）［DB/OL］．全球变化科学研究数据出版系统，2015.

　［132］徐占军，侯湖平，张绍良，丁忠义，马昌忠，公云龙，刘严军．采矿活动和气候变化对煤矿区生态环境损失的影响［J］．农业工程学报，2012（5）：232 - 240.

　［133］许端阳，康相武，刘志丽，庄大方，潘剑君．气候变化和人类活动在鄂尔多斯地区沙漠化过程中的相对作用研究［J］．中国科学（地球科学），2009（4）：516 - 528.

　［134］杨金中，秦绪文，聂洪峰，王晓红．中国矿山遥感监测［M］．北京：测绘出版社，2014.

［135］杨霞．锡林郭勒草原区土地生态状况评估研究［D］．内蒙古农业大学博士学位论文，2016.

［136］杨艳，牛建明，张庆，张艳楠．基于生态足迹的半干旱草原区生态承载力与可持续发展研究——以内蒙古锡林郭勒盟为例［J］．生态学报，2011（17）：5096 － 5104.

［137］杨勇，刘爱军，朝鲁孟其其格，单玉梅，乌尼图，陈海军，王明玖．锡林郭勒露天煤矿矿区草原土壤重金属分布特征［J］．生态环境学报，2016（5）：885 － 892.

［138］姚喜军，张宇，吴全，徐艳红，鲁丽波．鄂尔多斯市伊金霍洛旗煤矿区降尘特征研究［J］．干旱区资源与环境，2017（9）：81 － 86.

［139］于颂，王飞红，杨爱民．平朔露天煤矿土地利用变化的遥感监测［J］．测绘通报，2015（4）：86 － 90.

［140］翟孟源，徐新良，江东，姜小三．1979 ～ 2010 年乌海市煤矿开采对生态环境影响的遥感监测［J］．遥感技术与应用，2012（6）：933 － 940.

［141］张兵，宋献方，马英，卜红梅．煤电基地建设对内蒙古锡林郭勒盟乌拉盖水库周边水环境的影响［J］．干旱区资源与环境，2013（1）：190 － 194.

［142］张丰兰，赵秀丽．内蒙古自治区工业发展报告 2013［M］．北京：经济管理出版社，2014.

［143］张思锋，权希，唐远志．基于 HEA 方法的神府煤炭开采区受损植被生态补偿评估［J］．资源科学，2010（3）：491 － 498.

［144］张天宇，刘艳．鄂尔多斯市资源经济发展问题研究［J］．内蒙古民族大学学报（社会科学版），2017，43（3）：101 － 107.

［145］张渭军，黄金廷．鄂尔多斯盆地降水量分布特征分析［J］．干旱区资源与环境，2012，26（2）：56 － 59.

［146］张先尘．矿区总体设计，全国大百科全书（矿冶卷）［M］．北京：中国大百科全书出版社，1984.

［147］张旭，王小军，刘永刚，尚熳廷，韩沂桦．宁东煤炭基地水资源需求预测分析［J］．地下水，2017（3）：99－102.

［148］张召，白中科，贺振伟，包妮沙．基于 RS 与 GIS 的平朔露天矿区土地利用类型与碳汇量的动态变化［J］．农业工程学报，2012（3）：230－236.

［149］郑利霞，赵欣，马建军，张树礼．基于 LUCC 的露天矿区景观格局研究——以黑岱沟露天煤矿为例［J］．环境与发展 2014（Z1）：87－91.

［150］郑玉峰，王占义，方彪，何晨，李路建，李春筱．鄂尔多斯市2005－2014 年地下水位变化［J］．中国沙漠，2015（4）：1036－1040.

［151］周夏飞，朱文泉，马国霞，张东海，郑周涛．稀土矿开采导致的植被净初级生产力损失遥感评估——以江西省赣州市为例［J］．遥感技术与应用，2016（2）：307－315.

［152］周孝，郭青霞，白中科，赵富才．平朔露天矿区土地征用对搬迁农民生活水平的影响分析［J］．山西农业大学学报（自然科学版），2006（2）：210－212.

［153］朱海明，莫日根．2003－2013 年锡林郭勒盟经济持续快速发展［J］．内蒙古统计，2015（1）：57－59.

［154］卓义，于凤鸣，包玉海．内蒙古伊敏露天煤矿生态环境遥感监测［J］．内蒙古师范大学学报（自然科学汉文版），2007（3）：358－362.

附　录

附图 1　鄂尔多斯市的遥感影像（共使用遥感影像 54 景）

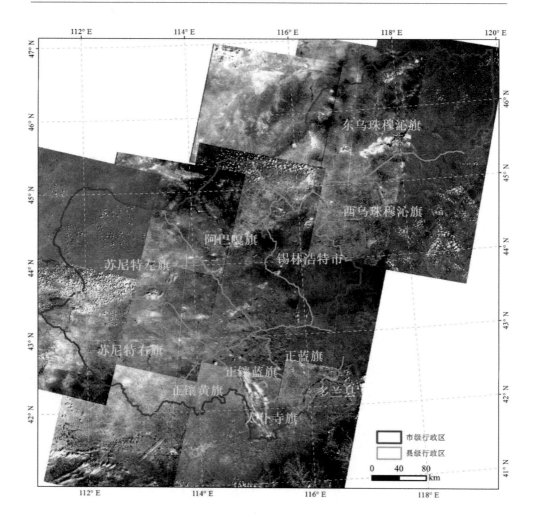

附图 2 锡林郭勒盟的遥感影像（共使用遥感影像 90 景）

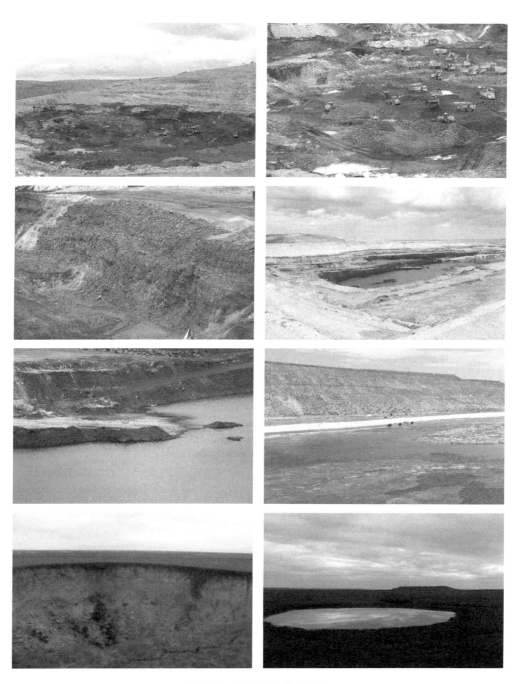

附图 3　野外实地考察样点

后　记

　　本书是在我的博士论文基础上修改完成的。本书的完成得到了我在北京师范大学读博士期间的许多老师、同学和亲友的支持与帮助。此后记是作为对过去的总结，并以此作为起点开启对未来的展望。

　　最应该感谢的是导师邬建国教授，感谢恩师对我的谆谆教诲和精心培养。恩师严谨的治学、缜密的思维、宽厚的学者风范和孜孜探求的求实精神，令学生终身难忘。恩师身上闪耀着令人钦佩的科学光辉，是一位豪情跌宕，浩然正气、真诚可爱、才华横溢和风趣幽默的名士。博士论文从研究思路、题目选定、写作大纲制定、关键科学问题和解决办法等方面，无不凝聚了恩师的心血。在北师大四年多的求学时光中，邬老师不仅在学术研究上给予倾心指导，让学生受益匪浅，而且在生活上给予我支持、鼓励和帮助，让我如沐春风。行文至此，不禁感叹，有师如此，夫复何求！唯有专心治学以回报恩师。值此书完成之际，谨向导师表示崇高的敬意和衷心的感谢。

　　同时，要对博士期间的合作导师何春阳教授致以最由衷的感谢！何老师从博士入学、了解、信任到培养我的过程中，倾注了大量的心血和无私的关怀。在论文选题、数据分析和撰写等诸多方面，何老师给予了我倾力的支持和帮助，令学生感激不尽。何老师渊博的知识和敏捷的才思是我论文思路的动力源泉，其求真务实的治学态度是我努力的方向，他严厉的鞭策与适时的鼓励是我博士论文顺利完成的催化剂。何老师是我人生中最重要的贵人，在此向何老师致以最诚挚的感谢。

在论文的撰写过程中得到了刘志锋师兄和马群师姐的精心指导，感谢刘师兄在数据分析、论文撰写过程中的悉心指导，以及生活中给予我的帮助。刘师兄的一言一行寄托着作为师兄对我的殷切关怀和期望，他严谨刻苦的作风、积极向上的态度激励着我努力拼搏。感谢马群师姐在博士论文写作过程中给予我最细致的指导和帮助，小至标点符号，大致论文的逻辑结构。师弟在此向刘师兄和马师姐致以最诚挚的感谢。

感谢在我求学道路上给予我指导的各位名师和前辈。特别是于德永教授、黄庆旭副教授、北京大学政府管理学院杨立华教授、中国科学院植物研究所白永飞研究员在论文答辩过程中对我的指导。感谢徐霞副教授、黄甘霖副教授、内蒙古大学生态与环境学院梁存柱教授在开题阶段对我的指导。

感谢北京师范大学人文与环境可持续研究中心的所有老师和同学。感谢地理科学学部的老师和博士班的同学们的帮助和关照，特别感谢班主任刘凯副教授、李超杰老师、石月婵老师、宋青伟老师、邓滢、李腾飞、陈征、杜世松、高姗的帮助。感谢我的室友李孟阳、文磊、祁磊、詹培和牟映坪在我学习和生活上的关心与帮助。

感谢美国 Arizona State University 的 Maxwell Wilson、Ignacio Fernandez、周兵兵博士、高红凯博士和李濮阳博士，沈阳农业大学边振兴老师、中国科学院新疆生态与地理研究所李小玉老师、中国科学院东北地理与农业生态研究所毛德华老师、华东交通大学张应龙老师、兰州大学袁晓波同学和上海交通大学杜宝明同学在赴美访学期间对我的帮助和关心。在此向你们表示深深的谢意。

特别感谢师门的兄弟姐妹们，与你们在一起的时光是如此的开心和美好！感谢赵媛媛师姐、杨洋师姐、曹茜师姐、高宾师兄、刘宇鹏师兄、张达师兄和孙泽祥师兄的帮助。感谢尚辰蔚、房学宁、李经纬、郭璇、刘洋、屠星月、江红蕾、刘芦萌、孔令强、窦银银、许敏、谢文瑄、赵雪、丁美慧、岳桓陞、苟思远、杨双姝玛、任强、孟士婷、杨延杰、涂梦昭、方梓行、宋世雄、夏沛、杨彦敏、王一航、尹丹、赵瑞、刘紫玟和卢文路等师弟师妹们在科研和生活中的帮助。尤其要感谢在我博士论文后期整理和答辩过程中给予我极大帮助的尚辰蔚、房学宁、李经纬、屠星月、江红蕾和刘芦萌，谢谢你们给予我的帮助和关心。

在著作即将付梓之际，更要感谢父母在我求学过程中给予持久的支持与帮助，感谢岳母和小舅子对我们一家三口的支持。感谢我的妻子柳旭女士和儿子曾涵数的一路陪伴，有了你们我感觉生活是多么的美好，你们是我进步的动力，力量的源泉。

最后，谨以此文献给所有支持过、帮助过、批评过和激励过我的人们。

曾小箕

2020 年 9 月于江西财经大学蛟桥园